"十四五"中等职业教育部委级规划教材

服装面料识别与应用

李 军 吴 倩 欧仲立 张德强 编著

U0189758

中国纺织出版社有限公司

内 容 提 要

本书为"十四五"中等职业教育部委级规划教材。

本书注重实践应用，依据中高职学生特点，将枯燥的面料理论课变成生动有趣的体验课，通过图片和实物来呈现相关知识点，力求文字简洁易懂。全书共分为十个项目，包括纤维与纱线的识别、织物组织结构的识别、常见服装面料的识别、服装面料在生活服中的应用、服装面料在职业服中的应用、服装面料在运动服中的应用、服装面料在内衣中的应用、服装面料在童装中的应用、服装面料在礼服中的应用以及服装面料在舞台服中的应用。内容由浅入深，由易到难。通过大量的任务式实训练习，提升学生对面料识别的敏感度以及归纳知识的能力。

本教材适用于中等职业学校服装专业教学，也可供服装从业人员参考学习。

图书在版编目（CIP）数据

服装面料识别与应用/李军等编著. -- 北京：中国纺织出版社有限公司，2025.3. --（"十四五"中等职业教育部委级规划教材）. -- ISBN 978-7-5229-1949-2

Ⅰ. TS941.41

中国国家版本馆 CIP 数据核字第 20240Z821C 号

责任编辑：宗　静　郭　沫　　责任校对：高　涵
责任印制：王艳丽

中国纺织出版社有限公司出版发行
地址：北京市朝阳区百子湾东里 A407 号楼　邮政编码：100124
销售电话：010—67004422　传真：010—87155801
http://www.c-textilep.com
中国纺织出版社天猫旗舰店
官方微博 http://weibo.com/2119887771
北京通天印刷有限责任公司印刷　各地新华书店经销
2025 年 3 月第 1 版第 1 次印刷
开本：787×1092　1/16　印张：8.5
字数：135 千字　定价：59.80 元

凡购本书，如有缺页、倒页、脱页，由本社图书营销中心调换

前言

　　未来的职业教育发展，务必要贯彻落实2019年国务院发布的《国家职业教育改革实施方案》，产教融合、校企合作，实施三教改革，推进职业教育高质量发展，实现现代化、创新化、数字化的复合型技术技能人才培养质量的提升。本书以教材改革为切入点，对标规模企业生产中对服装面料的要求，实施以任务驱动的项目化教学，增强学习者的岗位技术能力，培养符合成衣企业需求的实战型技术人才，这也是本书编纂的出发点和落脚点。

　　本书从基础到实战，重点帮助学生了解材料、识别材料和掌握材料的应用技巧。同时，注重实践应用，以就业为导向，全书的案例素材皆来自市场或面料生产企业，具有区域代表性。同时，依据中职学生特点，将枯燥的面料理论课变成生动有趣的体验课，通过图片和实物来呈现相关知识点，力求文字简洁易懂，由浅入深，由易到难。

　　全书共分十个项目，在内容的安排上，试图打破"重理论、轻实践"的传统教材模式，将理论和实践有机地结合起来。注重知识点的系统性、完整性，在理论和技能的学习上循序渐进。在项目的设计上，强调任务驱动的教学理念，通过任务的完成，让学生在实践过程中逐步熟练掌握服装面料的识别以及应用。

本书由李军、吴倩、欧仲立、张德强编著，全书由吴倩统稿。

由于笔者学识有限，本书难免存在不足之处，敬请广大读者批评指正。

编著者
2023年6月

教学内容及课时安排

项目（课时）	课程性质（课时）	任务	课程内容
项目一 （4 课时）	基础理论课程 （18 课时）		• 纤维与纱线的识别
		任务一	纤维的识别
		任务二	纱线的识别
项目二 （4 课时）			• 织物组织结构的识别
		任务一	机织物的识别
		任务二	针织物的识别
项目三 （10 课时）			• 常见服装面料的识别
		任务一	棉型面料的识别
		任务二	麻型面料的识别
		任务三	丝型面料的识别
		任务四	毛型面料的识别
		任务五	化纤类面料的识别
项目四 （4 课时）	理论与应用实践课程 （28 课时）		• 服装面料在生活服中的应用
		任务一	生活服对服装面料的要求
		任务二	生活服面料的应用实训
项目五 （4 课时）			• 服装面料在职业服中的应用
		任务一	职业服对服装面料的要求
		任务二	职业服面料的应用实训
项目六 （4 课时）			• 服装面料在运动服中的应用
		任务一	运动服对服装面料的要求
		任务二	运动服面料的应用实训
项目七 （4 课时）			• 服装面料在内衣中的应用
		任务一	内衣对服装面料的要求
		任务二	内衣面料的应用实训
项目八 （4 课时）			• 服装面料在童装中的应用
		任务一	童装对服装面料的要求
		任务二	童装面料的应用实训

项目（课时）	课程性质（课时）	任务	课程内容
项目九 （4课时）	理论与应用实践课程 （28课时）		• 服装面料在礼服中的应用
		任务一	礼服对服装面料的要求
		任务二	礼服面料的应用实训
项目十 （4课时）			• 服装面料在舞台服中的应用
		任务一	舞台服对服装面料的要求
		任务二	舞台服面料的应用实训

注 各院校可根据自身的教学特点和教学计划对课程时数进行调整。

服装面料识别与应用

目录
CONTENTS

项目一　纤维与纱线的识别

任务一　纤维的识别 / 002

任务二　纱线的识别 / 012

001

项目二　织物组织结构的识别

任务一　机织物的识别 / 022

任务二　针织物的识别 / 029

021

项目三　常见服装面料的识别

任务一　棉型面料的识别 / 034

任务二　麻型面料的识别 / 041

033

任务三　丝型面料的识别 / 045

任务四　毛型面料的识别 / 054

任务五　化纤类面料的识别 / 062

项目四　服装面料在生活服中的应用

任务一　生活服对服装面料的要求 / 072

任务二　生活服面料的应用实训 / 076

071

项目五　服装面料在职业服中的应用

任务一　职业服对服装面料的要求 / 080

任务二　职业服面料的应用实训 / 083

079

项目六　服装面料在运动服中的应用

任务一　运动服对服装面料的要求 / 088

任务二　运动服面料的应用实训 / 093

087

项目七　服装面料在内衣中的应用

任务一　内衣对服装面料的要求 / 096

任务二　内衣面料的应用实训 / 100

095

项目八　服装面料在童装中的应用

任务一　童装对服装面料的要求 / 104

任务二　童装面料的应用实训 / 108

103

项目九　服装面料在礼服中的应用

任务一　礼服对服装面料的要求 / 112

任务二　礼服面料的应用实训 / 116

111

项目十　服装面料在舞台服中的应用

任务一　舞台服对服装面料的要求 / 120

任务二　舞台服面料的应用实训 / 124

119

参考文献 / 125

项目一 纤维与纱线的识别

课题名称

纤维与纱线的识别

课题内容

1. 纤维的识别
2. 纱线的识别

教学目的

学生能够熟悉服装用纤维与纱线的特征，了解常见纤维的性能特征、常用纤维原料性能的分析与比较以及纱线分类与特征，掌握服装用纤维的基本特征与纱线的结构特征及其对面料风格的影响。

教学方式

多媒体教学，结合经典图片进行授课。

教学要求

1. 教师理论教学4课时。
2. 结合实际生活中实际服装面料特点进行服装纤维与纱线特征的讲解。

课前准备

学生收集身边常见面料，教师准备典型图片和面料样品。

课题时间
4课时

纤维的识别

⧖ 课前学习任务书

搜集自然界中不同的含天然纤维或化学纤维成分的服装材料，完成下面的学习任务。

纤维名称	材料贴样区 1	材料贴样区 2
棉/麻		
丝		
毛		
化学纤维		

一、纤维的定义

通常人们将长度比直径大千倍以上且具有一定柔韧性和强力的纤细物质统称为纤维。天然纤维指在自然界存在、可以直接取得的纤维，根据其来源可分为植物纤维、动物纤维和矿物纤维三类。并非所有的纤维都可以用来纺纱、织布和制作服装。服装用纤维应具有如下性能：

（1）可纺性。纤维的可纺性是指纺纱过程中纤维成纱的难易程度。纤维具有一定的可绕曲性和包缠性，这是纺纱、织布的基本条件。

（2）机械性。服装用纤维应具有较好的强伸性能、弹性、耐磨性和疲劳强度，以抵抗外力的破坏，否则制作成的成品将缺乏必要的牢度和舒适性。

（3）吸湿性。纤维具有在空气中吸收或放出气态水的性能，即吸湿性。

（4）热学性。服装纤维及其制品在加工和使用的过程中，会受到不同程度的热作用。

（5）电学性。电学性对服装的穿着性能有很大的影响。

（6）耐气候性。服装用纤维的耐气候性主要涉及纤维的耐日光性以及纤维抵抗大气中各种气体和微粒破坏的能力。

（7）耐化学性。服装用纤维的耐化学性使其在染整加工如丝光、漂白、印染、整理及服装穿着、洗涤等过程中不仅能耐染料和整理剂的作用，并对各种化学剂的破坏具有一定的抵抗能力。

（8）易保管性。纤维材料及其制品储放时对霉菌和昆虫的抵抗能力，以及便于洗涤、晾晒、整烫、储存和运输等的性能。

二、服用纤维的分类

服用纤维的分类如图1-1所示。

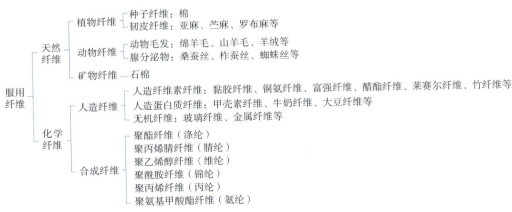

图1-1　服用纤维的分类

图1-2 棉花

三、常见服用纤维的形态结构特征

（一）棉纤维

棉纤维由棉籽上的种子毛成熟后经采集轧制加工而成，一般有长绒棉、细绒棉、粗绒棉和草棉四种，如图1-2所示。

纵向形态：呈扁平带状，表面形态稍有天然扭曲。

横向截面形态：呈腰圆形，中间有中腔。中腔的大小表示棉纤维品质的好坏，中腔小说明棉纤维较成熟，品质较好，可作为高档服装材料。

纤维用途：棉纤维细度细，吸湿性好，强度较好，耐水洗。既适合加工为贴身穿着的服装面料，又适合加工为外衣面料。

（二）麻纤维

麻纤维是来自各种麻类植物，包括韧皮纤维（如苎麻、亚麻、罗布麻、黄麻、大麻等）和叶纤维（如剑麻、蕉麻、菠萝麻等）。服装材料中使用最多的是苎麻和亚麻，如图1-3所示。

1.苎麻纤维

纵向形态：表面有横节和竖纹，如图1-4所示。

横向截面形态：呈腰圆形，有中腔。截面上呈现大小不等的裂缝纹。

纤维用途：苎麻因纤维较粗，制成的织物手感硬挺。苎麻纤维可纯纺也可混纺，与涤纶混纺的高支纱织成的麻涤布可制成夏季服装。苎麻与涤纶混纺的"麻的确良"具有挺括的风格，适宜织制夏季衣料。

2.亚麻纤维

纵向形态：表面有横节和竖纹。

图1-3 苎麻植株

苎麻横、纵向形态

亚麻横、纵向形态

图1-4 苎麻、亚麻纤维横纵形态

横向截面形态：呈多角形，有较小中腔。

纤维用途：优良的亚麻纤维织物是高档的纺织品，是优良的服装用料和抽绣或绣花服装的面料，还可用作渔网线和用于一些耐水要求高的场合，如消防管等，如图1-5所示。

图1-5　亚麻印花布

（三）毛纤维

毛纤维是从动物身上获取的纤维，动物毛纤维为天然蛋白质纤维，包括绵羊毛、山羊毛、骆驼毛、牦牛毛和马海毛（取于安卡拉山羊）等。天然毛纤维服装材料中用的最多的是绵羊毛，其次是山羊绒，如图1-6所示。

纵向形态：羊毛表面覆盖有鳞片层，头端指向羊毛的梢部。鳞片覆盖形态随毛纤维位置和种类不同而不同，分为环状覆盖、瓦状覆盖和龟裂状覆盖3种，如图1-7所示。

横向截面形态：呈大小不等的圆形，有些有断续的毛髓层（一般在粗毛中），毛髓层可减弱羊毛的强力。

纤维用途：毛纤维织造的织物、绒线和各种针织物，适用于制作各种内衣、外衣以及围巾、手套等服饰，如图1-8所示。

图1-6　山羊

图1-7　毛纤维纵向形态

图1-8　羊毛线

（四）丝纤维

丝纤维是天然纤维中唯一的长纤维，长度一般在800～1100m，蚕丝纤维又称为真丝，为天然蛋白质纤维，光滑柔软，富有光泽，穿着舒适，是高级纺织原料，被誉为"纤维皇后"，如图1-9所示。

纵向形态：表面有条纹，如树干状，粗细不均，且有许多异状的节，即有各种疵点。

横向截面形态：呈半椭圆形或三角形，且总是成对出现，如图1-10所示。

纤维用途：蚕丝具有柔软舒适的触感，夏季穿着凉爽，冬季温暖。桑蚕丝可染成各种鲜艳的色彩，并可加工成各种厚度和风格的织物，或薄如蝉翼、或厚如毛呢，挺括、柔软，如图1-11所示。

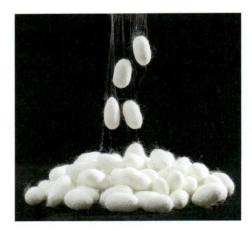

图1-9　桑蚕茧

图1-10　蚕丝横截面形态

图1-11　蚕丝被

（五）化学纤维

化学纤维在生产过程当中可由人工加以控制，因而长短、粗细可按照需要进行选定。一般可分为：人造纤维素纤维（如黏胶纤维、醋酯纤维和铜氨纤维等）和合成纤维（如涤纶、锦纶、腈纶、丙纶、氨纶和维纶等）。一般化学纤维有长丝和短纤维两种，其横截面形态多为圆形，纵向形态光滑平整。但黏胶纤维例外，其横截面形态为锯齿形，这与纤维生产过程中凝固时的收缩有关。

为了改善服装材料的外观和性能，近年来又开发了许多异形纤维，即横截面不是圆形的化学纤维，如黏胶纤维的横截面为锯齿形，维纶为腰圆形，腈纶为哑铃形。此外，随着化学纤维生产的喷丝口形状不同，可生产出不同横截面形状的纤维，如三角形、Y形、五叶形和中空形等。

1.黏胶纤维

黏胶纤维以木材、棉短绒和芦苇等含天然纤维素的材料经化学加工而成。黏胶纤维染色性能好，悬垂性好，但弹性差，容易起皱且不易恢复。由其加工的面料具有棉织物的手感和质感，常称为人造棉，黏胶长丝又称为人造丝。

纵向形态：有沟槽。

横向截面形态：呈不规则锯齿形，如图1-12所示。

纤维用途：广泛用于裙装、衬衫和里料中。经改性的强力黏胶纤维大多用于工业用织物，如轮胎帘子线、传送带、三角皮带和绳索等。

2.醋酯纤维

醋酯纤维是由含纤维素的天然材料经化学加工而成。大多具有丝绸风格，多制成光滑、柔软的绸缎或挺括的塔夫绸。

纵向形态：光滑平整。

横向截面形态：呈圆形，如图1-13所示。

纤维用途：主要用于裙装、女衬衫、内衣、领带和里料等，如图1-14所示。

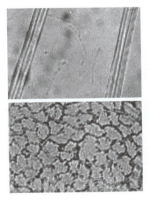 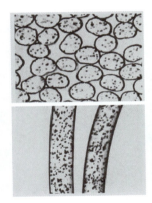 

图1-12　黏胶纤维的纵横形态　　图1-13　醋酯纤维横纵形态　　图1-14　醋酯纤维床上用品

3.铜氨纤维

铜氨纤维由纤维素溶解于铜氨溶液中纺丝而成。铜氨纤维没有皮层，吸水量比黏胶纤维高20%左右，染色性也较好，上染率高，上色较快。铜氨丝织物手感柔软，光泽柔和且有真丝感。

纵向形态：光滑平整。

横向截面形态：呈圆形。

纤维用途：广泛用作高级套装的里料，如图1-15所示。

4.涤纶

涤纶又称为聚酯纤维,是当前合成纤维中发展最快、产量最大的一类纤维。涤纶具有优良的弹性和恢复性,面料挺括、不起皱,保形性好,尺寸稳定性好,经久耐穿。

纵向形态:光滑平整。

横向截面形态:呈圆形,也可加工成三角形、Y形、中空形和五叶形等。

纤维用途:涤纶用途广泛,可以制成仿毛、仿棉、仿丝、仿麻织物等。涤纶织物适用于男女衬衣、外衣、儿童衣着、室内装饰织物和毛毯等,不宜做内衣。由于涤纶具有良好的弹性和蓬松性,也可用涤纶制作絮棉。用涤纶制作的非织造布可用于室内装饰物、地毯底布、医药工业用布等,如图1-16所示。

图1-15 铜氨纤维长丝

图1-16 涤纶制品

5.锦纶

锦纶又称为尼龙。锦纶具有良好的防风、防水性能,耐磨性也优于其他常用纤维,强度、弹性也很好,耐疲劳能力强,具有优良的耐用性。但是弹性差,保形性差,锦纶长丝织物容易勾丝,短纤维混纺容易起毛、起球。

纵向形态:光滑平整。

横截面形态:呈圆形或其他形状。

纤维用途:锦纶用途广泛,长丝可以制作袜子、内衣、运动衫、滑雪衫和雨衣等;短纤维与棉、毛以及黏胶纤维混纺后,织物具有良好的耐磨性和强度。锦纶还可用作尼龙搭扣、毛毯和装饰布等。工业上主要用于制作帘子布、传送带和渔网等原料,如图1-17所示。

6.腈纶

腈纶的外观呈白色,卷曲、蓬松、手感柔软,酷似羊毛,多用来和羊毛混纺或作为羊毛的替代品,因此又被称为"合成羊毛"。其手感丰满柔软,易于染色,色

图1-17 锦纶渔网

服装面料识别与应用

泽鲜艳、稳定。腈纶优于其他纤维的突出特性是耐日光性和气候性。腈纶耐弱酸碱，织物可以机洗，易洗快干，防虫蛀和霉菌。

纵向形态：外观粗糙，如树皮状。

横向截面形态：呈圆形、哑铃状或其他形状。

纤维用途：腈纶广泛用于制作针织服装、仿裘皮制品、起绒织物、女装、童装和毛毯等，如图1-18所示。

7. 氨纶

氨纶具有优良的延伸性和弹性，又被称为"弹力纤维"。最为著名的商品名称是美国杜邦公司生产的"莱卡"（Lycra）。氨纶常以单丝、复丝或包芯纱、包缠纱形式与其他纤维混合。尽管是氨纶含量很少的混纺织物也能大大改善织物的延伸性和弹性，使服装具有良好的尺寸稳定性，紧贴人体又能伸缩自如，便于活动。

纵向形态：光滑平整。

横向截面形态：呈花生果形和三角形。

纤维用途：氨纶的耐酸碱性、耐汗、耐海水性、耐干洗性、耐磨性均较好，制作的服装重量轻，质地柔软，舒适合身。氨纶与其他纤维合股或制成包芯纱，用于织制弹力织物，如用棉包裹的氨纶牛仔裤，有氨纶包芯纱的内衣、游泳衣、时装等。氨纶在袜口、手套、针织服装的领口、袖口、运动服、滑雪裤以及宇航服中的紧身部分等都有应用，如图1-19所示。

图1-18　腈纶人造毛

图1-19　氨纶弹力绳

8. 丙纶

丙纶是合成纤维中发展较晚的一种纤维，成本低廉，生产工艺简单，发展较快，如图1-20所示。

纵向形态：光滑平直。

横向截面形态：圆形和其他形状。

纤维用途：丙纶有长丝和短纤维两种，长丝常用来制作仿丝绸织物和针织物；短

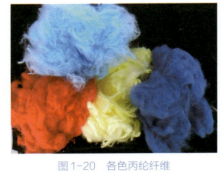

图1-20 各色丙纶纤维

纤维多为棉型，用于地毯或非织造物。丙纶的强度、弹性和耐磨性都比较好，因此经久耐用，主要用于毛衫、运动衫、袜子、内衣、填絮料、装饰和室内地毯等。

四、常见服装用纤维的简易鉴别方法

常见服装用纤维的鉴别方法分别有手感目测法、燃烧鉴别法、显微镜观察法和药品着色法。本节重点为大家介绍的是手感目测法与燃烧鉴别法。

（一）手感目测法

手感目测法是根据各类原料或织物的外观特征以及手感而进行的最简便的鉴别方法，是最简便、不需要任何仪器协助的。常用纤维的基本特征见表1-1。

表1-1　常用纤维的基本特征

纤维种类	基本特征
棉纤维	具有棉的天然光泽，长短不一；手感细而柔软，易折皱
麻纤维	外观粗犷，大多为黄灰色；手感粗、硬、爽，常因胶质而聚成小束
毛纤维	呈乳白色，精纺呢绒类呢面光洁平整，光泽柔和，弹性好，手感滑糯；粗纺呢绒类呢面丰厚，柔软而富有弹性，外观有温暖感
丝纤维	白色略带微黄，绸面明亮、柔和、色泽鲜艳；手感悬垂飘逸
聚酯纤维（涤纶）	一般光泽明亮；手感爽而挺，强力大，弹性较好，不易变形起皱
聚酰胺纤维（锦纶）	有蜡光；手感较硬挺，强力高，弹性好，较涤纶易变形起皱
聚丙烯腈纤维（腈纶）	色泽鲜艳；手感蓬松柔软，类似毛织物，但无毛织物活络感
聚丙烯纤维（丙纶）	外观似毛或丝或棉，有蜡状手感和光泽，不易起皱

手感目测法虽然简单易操作，但是需要丰富的实践经验，另外，此方法不能鉴别化学纤维的具体品种，因而存在着一定的局限性。

（二）燃烧鉴别法

燃烧鉴别法是鉴别纤维简单而常用的方法之一，它是根据各种纤维靠近火焰、接触火焰、离开火焰时所产生的各种不同现象以及燃烧时产生的气味和燃烧后的残留物状态来分辨纤维类别。燃烧法比较适用于纯纺产品或交织产品，不适用于混纺产品、花式纱线以及经过特殊后整理的产品，如图1-21所示。常用纤维的燃烧特征见表1-2。

图1-21　燃烧鉴别法

表1-2　常用纤维的燃烧特征

纤维类别	燃烧状态			气味	残留物特征
	靠近火焰	接触火焰	离开火焰		
棉/黏胶纤维	不熔不缩	迅速燃烧	继续燃烧	烧纸味	细而软的灰黑絮状
麻/富强纤维	不熔不缩	迅速燃烧	继续燃烧	烧纸味	细而软的灰白絮状
毛/丝纤维	收缩或卷缩	卷曲、熔化、燃烧	燃烧缓慢，有时自灭	烧毛发味	松脆的黑灰
聚酯纤维（涤纶）	收缩且熔融	熔融燃烧	继续燃烧，冒黑烟，有熔融滴下，呈黑褐色	有甜味	硬而黑的小珠状，不易捻碎
聚酰胺纤维（锦纶）	收缩且熔融	熔融燃烧	熄灭，有熔融滴下，呈咖啡色	有特殊刺鼻的气味	硬淡棕色透明圆珠状
聚丙烯腈纤维（腈纶）	收缩、微熔	熔融燃烧	继续燃烧冒黑烟	有辛辣味	黑色不规则小珠易碎
聚氨基甲酸酯（氨纶）	收缩、熔融	熔融燃烧	开始燃烧后自灭	有特殊刺鼻的气味	白色胶状
聚丙烯纤维（丙纶）	缓慢收缩	熔融燃烧	继续燃烧	轻微的沥青味	硬黄褐色球

任务二

❋

纱线的识别

⏳ **课前学习任务书**

拆解自己的一款旧裤子，根据拆解的部分认识服装用纱线，完成表格的填写。

样品名称	样品贴样区	类别
面料		
口袋布		
缝纫线		

一、纱线的定义

纱线有狭义与广义之分。广义上说，纱线是指用于织物织造、编织和缝纫等，且具有一定强度、细度和柔曲性能的连续纤维束的总称。狭义上来讲，一般是指将短纤维经纺纱工艺加工而成的连续纤维束。

纱是指将纺织纤维平行排列，并经加捻制而成的产品，而将两根或者多根纱并合加捻制而成的产品则称为线或股线，如图1-22所示。

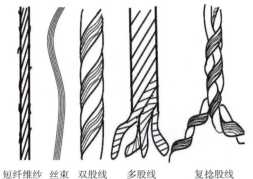

短纤维纱　丝束　双股线　多股线　复捻股线

图1-22　纱线的形成

二、纱线的分类

（一）按纱线的原料分

1.纯纺纱线

纯纺纱线是由一种纤维原料构成的纱线，包括天然纤维中的纯棉纱线、纯毛纱线、纯丝纱线以及纯化学纤维纱线。

2.混纺纱线

混纺或交捻纱线是由两种或两种以上纤维组成的纱线，如涤/棉混纺纱、毛/涤混纺纱、毛/腈混纺纱和真丝/棉纱交捻纱等。由两种以上短纤维混合纺成的短纤维纱，称为混纺纱。

3.混纤纱线

混纤纱线是由两种或两种以上性能或外观有差异的长丝纱组合（如加捻）成的纱线。

（二）按纱线中的纤维长度分

1.短纤维纱线

由短纤维经加一定的捻度或纺织（如气流纺纱）集结在一起的束状物，如纯棉纱、纯涤纱等。

（1）棉型纱线：以棉、棉型纤维纺成的纱线。

（2）毛型纱线：以毛、毛型纤维纺成的纱线。

（3）中、长型纱线：以中长型纤维纺成的纱线。

2.长丝纱线

由长丝（如天然丝、化纤丝或人造丝）并合在一起的束状物，主要有涤纶长丝、黏胶长丝、锦纶长丝等。

（三）按纱线的后加工分

1.本色纱

本色纱又称原色纱，是未经过漂白处理保持纤维原有色泽的纱线。

2.烧毛纱

经过烧毛加工，即燃烧的气体或电热烧掉纱线表面茸毛的纱线，使得纱线表面更加光洁。

3.光纱

经过丝光处理，即棉纱在施以张力的条件下，经氢氧化钠的强碱处理后的棉纱线，使其光泽和强力有所改善的纱线。

4.染色纱

把原色纱经煮练并染色制成的纱线，其可以是单色的，也可以是段染的。

5.漂白纱

把原色纱经煮练、漂白制成的纱线，其表面更加洁白。

（四）按纺织工艺分

1.普通棉纱和精梳棉纱

普通棉纱比精梳棉纱少了一道精梳工艺。在纺纱过程当中，纤维因为得到了进一步的梳理，去除了短纤维，纱线中的纤维变得更加平直，条理均匀，纱线光洁，细度细。经过精梳处理的纱线在外观还是品质均胜于普通棉纱。一般普通棉纱用于普通品质的棉织物，精梳棉纱用于高档的优质棉织物和高档府绸。

2.粗纺毛纱和精纺毛纱

粗纺毛纱是用精纺落毛和较粗短的羊毛为原料，用毛网直接拉条纺成纱，纱线内纤维长短不均，纤维排列不够平直，结构疏松，捻度小，表面毛羽较多，纱线细度粗。精纺毛纱是以较细、较长的优质羊毛为原料，经工序复杂的精梳纺纱系统纺制而成，纱线内纤维平直，纱线均匀、光洁，纱线细度细。

3.废纺纱

废纺纱是指纺织下脚料（废棉）或混入低级原料纺成的纱。纱线品质差、松软、条干不匀、含杂多、色泽差，一般只用来织粗棉毯、厚绒布和包装布等低级的织品，如图1-23所示。

一般而言，精梳棉纱和精纺棉纱都称精梳纱，纱中纤维平行伸直度高，条干均匀、光洁，但成本较高，纱支较高。而普通棉纱和粗纺毛纱都称粗纺纱，是按一般的纺纱系统进行梳理。精梳纱比粗纺纱多了一道精梳纺纱工艺。

图1-23　废纺纱原料

精纺纱工序：开松→梳理→精梳→多次合并→牵伸→加捻→纱线

粗纺纱工序：开松→梳理→合并→牵伸→加捻→纱线

（五）按纱线结构分

1.简单纱线

（1）单纱：只有一股纤维束捻合而成的纱线。

（2）股线：由两根或两根以上的单纱捻合而成的纱线，如常用的织造用线、绣花线和针织用线等。

（3）复捻多股线：由两根或两根以上股线捻合而成的纱线。

（4）单丝：是由一根纤维长丝构成，其直径大小决定于纤维长丝的粗细。一般只用于加工细薄织物或针织物，如丝袜、面丝巾等。

（5）变形纱：是对合成纤维长丝进行变形处理，使之由伸直变为卷曲而得到的，也称为变形丝或加工丝，包括高弹丝、低弹丝、膨体纱和网络丝等，如图1-24所示。

图1-24　腈纶膨体纱线

2.复杂纱线

这类纱线具有较复杂的结构和独特的外观，如花式纱线、包芯纱和包缠纱等。

（六）按用途分

1.织造用纱

织造用纱分为机织物用纱和针织物用纱两种。机织用纱分经纬纱，经纱强力要求较高，通常为股线；而纬纱一般要手感柔软，强力可稍低。针织用纱通常分为二合股，编结用线常用三合股和四合股。

图1-25　各色绣花线

2.其他用途纱线

其他用途纱线包括缝纫线、花边线和绣花线等，如图1-25所示。

（七）按纺纱方法分

根据纺纱设备的特点可分为环锭纱、气流纱、涡流纱和静电纱等，由于成纱机理不同，其结构和纤维排列状态不同，纱线的外观、强力等性能也有所差异，因此用途也不同。就当前来看，仍以传统的环锭纱为主，其品质优于其他纱线。

三、纱线的捻度、捻向和细度及其对服装面料的影响

（一）捻度及其对服装面料的影响

1.捻度

捻度是在纺纱过程中，短纤维经过捻合形成具有一定强度、弹性、手感和光泽的纱线，纱线单位长度上的捻回数称为捻度。棉纱通常以10cm内的捻回数来表示捻度，而精纺毛纱通常以1m内的捻回数来表示。短纤纱的捻度分为普通捻和强捻两类，长丝纱的捻度分为无捻、弱捻和强捻三类。

2.纱线捻度对服装面料的影响

纱线捻度影响织物的光泽。短纤纱在无捻时，光泽较暗；当短纤纱捻度达到一定值之前，光泽随捻度增大而增加；当捻度继续增加时，纱线会发生捻缩作用，光线将在纱线表面的凹凸之间被吸收，光泽随捻度的继续增加而减弱。

短纤纱捻度较小时，织物手感比较柔软；纱线捻度越大，织物手感越硬。强捻纱织物手感干爽、利落，但织物容易起毛起球。强捻的短纤纱和长丝纱织物表面都会呈现皱纹效应，织物悬垂性好。

（二）捻向及其对服装面料的影响

1.捻向

捻向是指纱线加捻的方向。它分为Z捻和S捻两种。加捻后的捻向从右下角倾向左上角的，称为S捻；从左下角倾向右上角的，称为Z捻。一般单纱常采用Z捻，股线采用S捻。股线的捻向是用先后加捻的捻向来表示。例如，单纱为Z捻、初捻（股线加捻）为S捻、复捻为Z捻的股线，其捻向以ZSZ表示，如图1-26所示。

2.纱线捻向对服装面料的影响

当一定数量的S捻纱线和一定数量的Z捻纱线在织物的同一方向相间排列时，织物表面将产生隐条效应；当一定数量的S捻纱线和一定数量的Z捻纱线在织物的经纬两个方向上相间排列时，织物表面将产生隐格效应。

当S捻纱线和Z捻纱线捻合在一起时，或捻度大小不等的纱线捻合在一起时，纱线呈螺旋状外观，织物表面会呈现波纹效应。

（三）细度及其对服装面料的影响

1.细度

细度是纱线最重要的指标，纱线的粗细影响织物的结构、外观和服用性能，如织物的厚度、织物的外观肌理效果、刚硬度和耐磨性等。

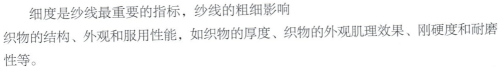

图1-26　纱线捻向

纱线的细度即纱线的线密度，其国际标准单位是特克斯数，简称特数。另外，纱线的细度单位还有旦数、公制支数和英制支数。

（1）线密度（Tt），也称特数或号数。

定义：1000m纤维/纱线在公定回潮率时的质量克数。

若纱线试样长度为 L（m），在公定回潮率时质量为 G（g），则该纱线的线密度单位为tex（特克斯），简称特，1dtex=1/10tex。

$$Tt=G/L \times 1000$$

（2）公制支数（N_m）。

定义：在公定回潮率时，质量为1g的纱线所具有的长度（m），支数越高，纱线越细。若纱线长度为 L（m），公定回潮率时质量为 G（g），则公制支数为：

$$N_m=L/G$$

（3）英制支数（N_e）。目前，工厂常用S表示。

定义：公定回潮率时，质量为1磅的纱线所具有的长度为码数的1/840。

英制支数与特数的换算公式为：

$$N_e=G/Tt$$

（4）旦数（N_{den}）。通常表示化纤和长丝的粗细。

定义：9000m长的纱线在公定回潮率时的质量克数。

若纤维长度为 L（m），公定回潮率时的质量为 G（g），则：

$$N_{den}=G/L \times 9000$$

2.细度对服装面料的影响

（1）对织物结构的影响。纱线细度是一项重要的织物结构参数，在同样的织物组织和经纬纱密度（线圈密度）情况下，纱线越细，织物越稀疏、轻薄，而纱线越粗，则织物越紧密、厚重。细支纱线适合加工轻薄的面料，粗支纱线适合加工厚实、坚牢的面料。

（2）对织物外观的影响。细支纱不但细度细，通常还光洁均匀，织制的织物外观一般都比较细致、光洁，织物风格上比较精致、典雅。而粗支纱不但粗，并且往往比较耐磨，织制的织物外观一般都比较粗犷或粗糙，具有休闲风格。

（3）对织物服用性能的影响。在织物面密度相同时，采用较细的纱线可以达到更高的紧密度，降低织物的透气性，提高织物的防风性和防水性。在相同的紧密情况下，粗支纱织物比细支纱织物更挺括、抗皱性更好、更耐磨、强度更好。

本章小结

1. 通常人们将长度比直径大千倍以上且具有一定柔韧性和强力的纤细物质统称为纤维。服装用纤维应具有可纺性、机械性能、吸湿性、热学性能、电学性能、耐气候性、耐化学品性、易保管性等性能。

2. 常见天然纤维与化学纤维的形态特征以及纤维用途。

3. 常见服装用纤维的鉴别方法分别有手感目测法、燃烧鉴别法、显微镜观察法和药品着色法。本节重点为大家介绍的是手感目测法与燃烧鉴别法。

4. 纱线的广义与狭义之分；纱线的分类、纱线的捻度、捻向和细度及其对服装面料的影响。

思考题

1. 服装用纤维的性能包括哪些？

2. 棉、麻纤维在性能上的异同点有哪些？

3. 常用的纤维鉴别方法有哪几种？简要说说手感目测法与燃烧鉴别法的局限性。

4. 纱线的分类有哪些？

5. 什么是捻向与捻度？它们对织物有哪些影响？

6. 根据本章所学知识，完成表格内容。

纤维名称	优点	缺点
黏胶纤维		
涤纶		
锦纶		
腈纶		
氨纶		

项目二 织物组织结构的识别

课题名称

织物组织结构的识别

课题内容

1. 机织物的识别
2. 针织物的识别

教学目的

学生能够大致了解主要机织物组织与针织物组织的种类及性能特征；掌握其常见的鉴别方法，以及织物正反面的辨别方法；熟悉常见机织物与针织物在服装中的应用。

教学方式

多媒体教学，结合经典图片进行授课。

教学要求

1. 教师理论教学4课时。
2. 引导学生分析现有面料的组织结构，准确判断其所属类别。

课前准备

学生收集身边常见面料，教师准备典型图片和面料样品。

课题时间
4课时

机织物的识别

⏳ 课前学习任务书

请将从面料市场搜集到的不同种类面料，根据其组织特点进行分析辨别，并将小样粘贴至织物贴样区。

纤维名称	织物贴样区 1	织物贴样区 2
平纹组织		
斜纹组织		
缎纹组织		
重组织		

一、机织物的定义

机织物是指由相互垂直排列的两个系统的经纱、纬纱，在纺织机上按照一定的规律和形式交织成的织物。在织物中与布边平行，纵向排列的纱线为经纱；与布边垂直，横向排列的纱线为纬纱。织物中经纱与纬纱相互交织的规律叫作织物组织。

二、机织物组织分类

（一）按使用的原料分类

机织物按使用原料分为纯纺织物、混纺织物、交织织物三类。

1.纯纺织物

纯纺织物是指经纱、纬纱均由同一种纤维纱线织成的织物，如纯棉织物。

2.混纺织物

混纺织物是指经纱、纬纱均采用同一种混纺纱线织成的织物，如经纬纱均采用涤／棉布的T/C涤棉混纺布、经纬纱采用毛／涤纱的毛涤混纺华达呢等。

3.交织织物

交织织物是指由不同纤维的单纱或长丝经捻合成线，再纺织而成的织物，如棉毛交并织物、毛涤交并织物等。

（二）按纤维的长度分类

根据所用纤维长度的不同，织物可分为棉型织物、中长型织物、毛型织物和长丝织物。

1.棉型织物

棉型织物以棉型纤维内原料纺制的纱线织成的织物，如棉府绸、涤／棉布、维／棉布、棉卡其等。

2.中长型织物

中长型织物采用以中长型化纤为原料并经棉纺工艺纺制的纱线所织成的织物，如涤／黏中长华达呢、涤／腈中长纤维织物等。

3.毛型织物

毛型织物用毛型纱线织成的织物，如纯毛华达呢、毛／涤／黏哔叽、毛／涤花呢等。

4.长丝织物

长丝织物用长丝织成的织物，如美丽绸、高春纺、重磅双绉、尼龙绸等。

（三）按纺纱的工艺分类

按纺纱工艺的不同，棉型织物可分为精梳棉织物、粗梳（普梳）棉织物和非纺织物，毛织物分为精梳毛织物（精纺呢绒）和粗梳毛织物（粗纺呢绒）。

（四）按纱线的结构与外形分类

按纱线的结构与外形的不同，可分为纱型织物、线织物和半线织物。

1.纱织物

纱织物是指经纱、纬纱均由单纱构成的织物，如各种棉平布。

2.线织物

线织物是指经纱、纬纱均由股线构成的织物，如绝大多数的精纺呢绒、毛哔叽、毛华达呢等。

3.半线织物

半线织物是指经纱、纬纱中一种采用股线、另一种采用单纱织造而成的织物，一般经纱为股线，如纯棉或涤／棉半线卡其等。

按纱线结构与外形的不同，还可分为普通纱线织物、变形纱线织物和其他纱线织物。

（五）按染整加工分类

按染整加工织物可分为本色织物、漂白织物、染色织物、印花织物、色织物。

1.本色织物

本色织物指具有纤维本来颜色的织物，即纤维、纱线及织物均未经练漂、染色和整理的织物，也称本色坯布、本白布、白布或白坯布。

2.漂白织物

漂白织物指经过漂白加工的织物，也称漂白布。

3.染色织物

染色织物指经过染色加工的织物，也称匹染织物、色布或染色布。

4.印花织物

印花织物指经过印花加工，表面印有花纹、图案的织物，也叫印花布、花布。

5.色织织物

色织织物指以练漂、染色之后的纱线为原料，再经织造加工而成的织物。

（六）按用途分类

按织物的用途可分为服装用织物、装饰用织物、产业用织物和特种用途织物。服装用织物如外衣、衬衣、内衣、裤子、鞋帽等织物；装饰用织物有七类，分别为床上用品、毛巾、窗帘、桌布、家具布、墙布、地毯；产业用织物如传送带、帘子布、篷布、包装布、过滤布、筛网绝缘布、土工布、医药用布、软管、降落伞、宇航布等。

（七）按构成形式和表面样式分类

机织物组织有很多种类，但按照构成形式和表面样式的不同，可分为原组织、变化组织、联合组织、重组织、纱罗组织等，具体见表2-1。

表2-1　机织物组织分类

机织物组织	原组织	平纹组织、斜纹组织、缎纹组织
	变化组织	平纹变化组织、斜纹变化组织、缎纹变化组织
	联合组织	条格组织、绉组织、透孔组织、蜂巢组织、小提花组织
	重组织	重经组织、重纬组织
	纱罗组织	纱组织、罗组织

三、机织物主要组织的种类及特点

（一）原组织

原组织是机织物中最基本的组织，其他的机织物组织都是在原组织上变化而来。

1.平纹组织

平纹组织无正、反面之分，组织循环最小，交织点最多，是所有机织物中最简单的组织，如图2-1所示。

织物特点：织物纹理简单，布面光滑平坦，光泽较暗淡。由于交织紧密，相互作用力大，故织物耐用坚牢，手感较硬，弹性较小。

图2-1　平纹组织

织物应用：平纹组织的应用广泛，棉织物中的平纹布、细布、府绸等，麻织物中的亚麻布、苎麻布、夏布等，丝织物中的电力纺、塔夫绸等，毛织物中的凡立丁、派力司、法兰绒等。

2.斜纹组织

斜纹组织的经、纬浮点构成明显的连续的斜向织纹，在组织图中体现为相邻线上的组织点排列成斜线，如图2-2所示。

织物特点：织物有左、右向和经、纬面之分，与平纹组织相比，斜纹浮线较长，组织中不交错的纱线容易靠拢，故坚牢度不如平纹织物，但斜纹织物比较柔软，光泽

图2-2　斜纹组织

图2-3　缎纹组织

也较好。

织物应用：斜纹组织的应用也十分广泛，如棉织物中的斜纹、卡其等，毛织物中的哔叽、华达呢等，丝织物中的美丽绸、真丝绫等。

3.缎纹组织

缎纹组织的经纱或纬纱在织物中形成一些单独的互不连续的经组织点或纬组织点，原组织中最复杂的一种组织，如图2-3所示。

织物特点：织物的浮线较长，表面光滑平整，富有光泽，质地柔软，光泽最好，有明显的正反面之分，但坚牢度比平纹和斜纹织物差。

织物应用：缎纹组织一般用于正装（礼服）面料，如棉织物中的横贡缎、直贡缎等，毛织物中的直贡呢、马裤呢等，丝织物中的素缎、绉缎、织锦缎等。

（二）变化组织

变化组织是指在原组织的基础上，变化循环、浮长、组织点位置等形成的各种组织，包括平纹变化组织、斜纹变化组织和缎纹变化组织。

1.平纹变化组织

（1）重平组织：以平纹组织为基础，沿经向或纬向延长组织点的方法而形成，如图2-4所示。沿经向延长而得到的变化组织为经重平组织，沿纬向延长而得到的变化组织为纬重平组织。

重平组织的织物外观与平纹织物不同，其表面呈现凸条纹。经重平织物表面呈现横凸条纹，纬重平织物呈现纵凸条纹。重平组织一般织制色织物中的凸条纹织物，如棉织物中的麻纱织物，各种织物的边组织或毛巾织物的组织。

（2）方平组织：以平纹组织为基础，沿着经纬两个方向同时延长组织点而得到的组织，如图2-5所示。方平组织的织物外观如麻织物，可以织制仿麻织物。织物外观较为平整，表面光泽较好。

2.斜纹变化组织

斜纹变化组织种类较多，这里只介绍常见的几种组织。

（1）加强斜纹组织：以原组织斜

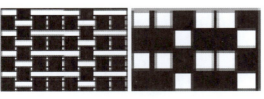

图2-4　重平组织

纹为基础，在其经纬组织点旁延长组织点而形成，如图2-6所示。加强斜纹具有原组织斜纹的特点，常用于织制华达呢、哔叽、卡其等。

（2）复合斜纹组织：通过改变组织点数量而得到宽窄不同的斜向纹路。例如，山形斜纹组织，利用左斜纹和右斜纹在织物表面构成像山一样的图形，如图2-7所示，山形斜纹组织常用于棉织物中的人字呢、床单布，毛织物及混纺织物中的大衣呢、女式呢等。

（3）缎纹变化组织：以缎纹组织为基础可演变出许多缎纹变化组织，如在经纬组织点旁添加组织点而构成的加强缎纹组织（图2-8）。

四、机织物的鉴别分析

机织物的种类繁多，其性能、手感风格和布面外观特征各不相同，因此，在衣料选用和缝制加工过程中可依此进行鉴别判断。

（一）织物正反面的鉴别

服装制作时，织物的正面朝外，反面朝里，因此，利用织物正反面的差异进行正反面的识别就成为一项必不可少的工作。一般而言，织物的正面质量总是比反面好，如下所列为织物正反面识别时的各项具体依据：

（1）织物正面的织纹、花纹、色泽比反面的清晰美观、立体感强。织物正面比反面光洁，疵点少。

（2）凹凸织物正面紧密而细腻，条

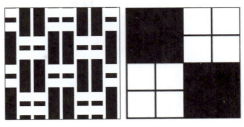

图2-5 方平组织

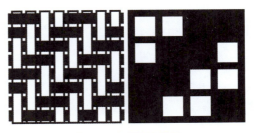

图2-6 加强斜纹组织

图2-7 山形斜纹组织

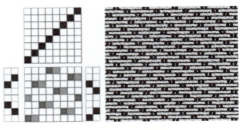

图2-8 加强缎纹组织

纹或图案凸出，立体感强，反面较粗糙且有较长的浮长线。

（3）起毛织物中单面起毛织物一般正面有绒毛，双面起毛织物则毛绒均匀整齐的一面为正面。

（4）双层、多层及多重织物的正反面若有区别时，一般正面的原料较佳，密度较大。

（5）毛巾织物以毛圈密度大、毛圈质量好的一面为正面。

（6）纱罗织物其纹路清晰，绞经突出的一面为正面。

（7）布边光洁整齐的一面为正面。

（8）具有特殊外观的织物，以其突出风格或绚丽多彩的一面为正面。

（9）少量双面织物，两面均可做正面使用。

（二）织物经纬向的确定

服装制作时，衣长、裤长一般需采用织物的经向，胸围、臀围一般采用织物的纬向，因此，织物正反面正确识别后，还必须确定织物的经纬向，这些都是服装裁剪前的必要步骤。确定织物经纬向的方法如下：

（1）如果织物上有布边，则与布边平行的为经纱，与布边垂直的为纬纱。

（2）织物的经纬密度若有差异，则密度大的一般为经纱，密度小的一般为纬纱。

（3）若织物中的纱线捻度不同时，捻度大的多数为经纱，捻度小的为纬纱。当一个方向有强捻纱存在时，则强捻纱为纬纱。

（4）纱罗织物，有绞经的方向为经向。

（5）毛巾织物，以起毛圈纱的方向为经向。

（6）筘痕明显的织物，其筘痕方向为织物经向。

（7）经纬纱如有单纱与股线的区别，一般股线为经纱，单纱为纬纱。

（8）用左右两手的食指与拇指相距1cm沿纱线对准并轻轻拉伸织物，若无一点松动，则为经向，若略有松动，则为纬向。

（三）织物原料的鉴别

确定织物的经纬向后，可以从织物的经向和纬向分别抽出纱线或纤维，运用上一章节书中介绍的纤维鉴别方法进行鉴定。

任务二

针织物的识别

⏳ 课前学习任务书

拆解自己的一款旧卫衣，将拆解的材料贴至贴样区，并大致辨别其材料具体所属的类别，完成下面的学习任务。

样品名称	面料贴样区	类别
面料布		
口袋布		
袖头布		

一、针织物的定义

针织物是织物的主要类型之一。它与机织物的不同在于它不是由经纬两组纱线垂直交织而成，而是由纱线构成的线圈互相串套而成，因此针织物与机织物有很大的差异。由于针织这种结构特点，使它具有良好的延伸性、弹性、柔软性、通透性、保暖性和吸湿性等。但同时针织物又有易脱散、卷曲和易起毛起球的缺点。

针织物按生产方式可分为经编针织物和纬编针织物两大类。线圈按照经向配置串套而成的针织物为经编针织物。线圈按照纬向配置串套而成的针织物为纬编针织物。

针织物组织具有线圈互相串套的规律。它有原组织、变化组织、花式组织和复合组织四类，其中原组织是基础，其他组织由它变化而来。原组织包括纬编针织物当中的纬平针组织、罗纹组织和双反面组织，经编针织物中的经平组织、经缎组织。

二、组织分类

（一）按加工方法分类

按加工方法不同，针织物分为针织坯布和成形产品两类。

（1）针织坯布：主要用于制作内衣、外衣和围巾。内衣如汗衫、棉毛衫等，外衣如羊毛衫、两用衫等。

（2）成形产品：有袜类、手套、羊毛衫等。

（二）按加工工艺分类

根据加工工艺的不同，针织物分为纬编织物和经编织物（表2-2）。

（1）纬编织物：由一根或几根纱线在纬编针织机的横向或圆周方向往复运动形成线圈横列，各个线圈横列穿套而形成的织物。纬编织物常用于制作毛衫和袜子等。

（2）经编织物：由一批经纱在经编织机上相互穿套形成的织物，一根纱线在一个横列中只形成一个线圈。经编织物大多用于制作装饰、工业生产和毛毯。

表2-2　针织物组织分类

针织物组织	纬编组织	基本组织	纬平组织、罗纹组织、双反面组织
		变化组织	双罗纹组织、提花组织、集圈组织、添纱组织、衬垫组织、毛圈组织、衬经衬纬组织
	经编组织	基本组织	经编链组织、经平组织、经缎组织
		变化组织	经绒组织、经斜组织、衬纬组织、提花组织

三、针织物主要组织的种类及特点

（一）纬编针织物

1.纬平组织

由连续的单元线圈按照同一方向串套而成的针织物组织，是纬编针织物最简单的组织，如图2-9所示。

织物特点：织物正面平坦均匀并成纵向条纹的外观，反面为横向的圆弧。反面光泽暗于正面；织物易脱散，且易卷边；纵横向有较好的延伸性，横向延伸性大。

织物应用：汗衫类服装、羊毛衫衣片、袜子等。

图2-9 纬平组织

2.罗纹组织

由正面线圈纵行与反面线圈纵行按照一定规律交替配置而成的针织物组织，如图2-10所示。

织物特点：无卷边性；横向具有极高的弹性和延伸性，密度越大，弹性越好。

织物应用：弹力衫、棉毛衫裤、羊毛衫和袖口、领口、裤口、袜口等。

3.双反面组织

由正面线圈横列与反面线圈横列按照一定规律交替配置而成的针织物组织，如图2-11所示。

织物特点：织物两面外观都与纬平针的反面相同，故称双反面；纵横向有很大的弹性和延伸性，而纵向的延伸性好于横向；不卷边，但易脱散。

织物应用：婴儿衣物、手套、袜子、羊毛衫等。

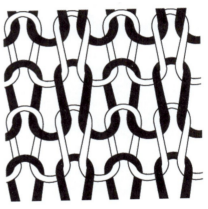

图2-10 罗纹组织

（二）经编针织物

1.经平组织

经平组织又称二针组织，是采用一组或几组平行排列的线圈互相串套形成的织物，如图2-12所示。

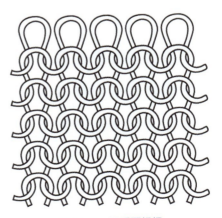

图2-11 双反面组织

织物特点：织物正反面都呈现菱形网眼；织物纵横向都具有一定的延伸性；卷边性不明显；当一个线圈断裂并受到横向拉抻时，线圈从断纱处开始沿纵行逆编结方向逐一脱散，而使织物分为互不联系的两片。

织物应用：经常应用于T恤、内衣等。

2.经缎组织

每根经纱顺序地在相邻纵行内构成线圈，并且在一个完全组织中有半数的横列线圈向一个方向倾斜，而另外半数的横列线圈向另一个方向倾斜，逐渐在织物表面形成横条纹效果，如图2-13所示。

图2-12 经平组织

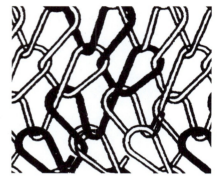
图2-13 经缎组织

织物特点：织物的延伸性较好；卷边性与纬平组织相似，当纱线断裂时，线圈也会沿纵行逆编结方向脱散；经缎组织织物较经平组织织物厚实。

织物应用：经缎组织常与其他经编组织复合，以得到一定的花纹效果，常做衬纬拉绒织物的地组织。

本章小结

1. 针织物与机织物是常见的织物，其不同之处在于针织物不是由经纬两组纱线垂直交织而成，而是由纱线构成的线圈互相串套而成，因此针织物与机织物有很大的差异。

2. 常见机织物和针织物的组织分类与特点。

3. 机织物常见的鉴别方法分别是织物正反面的鉴别、织物经纬向的确定、织物原料的鉴别。

思考题

1. 机织物按构成形式和表面样式分类，可分为几大类？

2. 列举机织物正反面识别时的具体依据。

3. 针织物按加工工艺分类，可分为几大类？

4. 针织物的基本组织是怎样分类的？各有什么特点？

常见服装面料的识别

课题名称

常见服装面料的识别

课题内容

1. 棉型面料的识别
2. 麻型面料的识别
3. 丝型面料的识别
4. 毛型面料的识别
5. 化纤类面料的识别

教学目的

学生能够了解棉型、麻型、毛型、丝型面料与化纤类服装面料的主要特征，掌握常见棉、麻、丝、毛型面料的识别方法，掌握其面料用途。

教学方式

多媒体教学，结合经典图片进行授课。

教学要求

1. 教师理论教学6课时，学生实训4课时。
2. 结合服装生产及日常生活中典型的常见服装面料特点进行讲解。

课前准备

学生收集身边常见面料，教师准备典型面料图片与面料样品。

课题时间
10课时

任务一

棉型面料的识别

⌛ 课前学习任务书

搜集常见的三种棉型面料。将小样贴至面料贴样区，分析面料的特点，并完成下面的学习任务。

织物名称	面料贴样区	面料特点
棉型面料 1		
棉型面料 2		
棉型面料 3		

一、棉型面料的主要特征

棉型面料是指以棉纱或棉与化纤混纺纱线织成的织物。织物具有良好的保暖性、吸湿性、透气性、导电性等，穿着舒适，坚牢耐用，染色性好，色泽鲜艳，耐碱不耐酸，耐热、耐光性能均较好，易生霉，但抗虫蛀；弹性差，服装保形性差。棉型面料是最为理想的内衣面料，也是物美价廉的大众外衣面料。

二、常用的棉型面料品种介绍

（一）平布

平布是棉型面料的主要品种，以纯棉、纯化纤或混纺纱织成的平纹织物，是棉型面料的主要品种。

面料识别：经纱与纬纱粗细接近，经向与纬向的密度相近。平布根据纱线细度的不同分为细平布、中平布、粗平布三类。细平布又称"细布"，布身轻薄、细洁柔软，布面杂质少，光泽好，属于较高档产品。中平布又称"市布"，用中等粗细的棉纱织成，厚薄适中，坚牢耐用。粗平布又称"粗布"，用较粗的棉纱织成，布身坚牢耐用。

面料用途：细平布适宜制作各种衬衫、内衣、婴儿服等。中平布一般用于童装和居家服装，原色中平布多用作口袋布等辅料。印染加工后的粗平布一般用来制作劳动服、夹克及风格粗犷的牛仔服等，如图3-1所示。

（二）府绸

府绸是用较细的纱线织成的平纹或提花棉型面料。

面料识别：外观细密、布面光洁匀整，手感平滑挺爽，外观呈现菱形颗粒，且其经向强度大于纬向，如图3-2所示。

图3-1 平布

图3-2 全棉府绸

面料用途：薄型府绸适用于高级男女衬衫，印花府绸可作为夏季女装及童装衣料，厚重的府绸是男女外衣、制服、裤子、风衣及夹克衫的理想面料。

（三）泡泡纱

泡泡纱是具有特殊外观的夏季薄型平纹布，其布面凹凸效应可由织造时两种不同张力经纱在织物表面形成泡泡或有规律的条纹皱纹。

面料识别：其造型新颖，风格独特，透气性好，立体感强，穿着不会紧贴人体，洗后免烫，如图3-3所示。

面料用途：适宜做衬衫、裙子、睡衣裤及薄型夹克等。

图3-3　泡泡纱

（四）麻纱

麻纱是用棉纤维做经纬纱织成的一种具有麻型面料风格的薄型棉型面料。

面料识别：布面有明显的直条纹且散布着许多清晰的空隙，质地轻薄，条纹清晰，挺爽透气，穿着舒适。

面料用途：适合制作男女衬衫、童装、睡衣、睡裤、裙子等，是夏季服装的理想用料，如图3-4所示。

（五）巴厘纱

巴厘纱又称玻璃纱或麦士林纱，是棉织物中最薄的织物。经纱用单纱，纬纱用超细纱织成的薄底柔软的平纹组织面料。

面料识别：布面光洁，身骨较挺，触感爽快，透气性良好。

面料用途：主要用作夏季衣着，如女套裙、连衣裙、女衬衫、男用礼服衬衫、童装等，以及手帕、面纱、窗帘、家具布等，如图3-5所示。

图3-4　麻纱裙　　　　　　　　　　图3-5　巴厘纱丝巾

（六）牛津布

牛津布属于平纹变化组织的特色棉型面料，曾流行于英国牛津地区，被牛津大学采用为校服面料，故此得名，如图3-6所示。

面料识别：经纬纱色泽不同，经纱染色、纬纱漂白，布面形成饱满的双色颗粒效应，色泽调和文静，风格独特，穿着舒适。

面料用途：主要用于男衬衫、休闲服等。

（七）卡其

卡其是棉型面料中紧密度非常大的斜纹织物之一，如图3-7所示。

面料识别：布面呈现细密而清晰的倾斜纹路，质地结实，布身紧密，不易起毛，布面光洁，纹路清晰。色泽鲜明均匀，手感丰满厚实。

图3-6　牛津布　　　　　　　　　　图3-7　卡其

面料用途：适于做各种制服、工作服、风衣、夹克衫、休闲裤、男女春秋衫及童装等。此外，卡其经防水整理后，可加工成雨衣、风衣等。由于经向密度过紧，耐磨性能差，故衣服领口、袖口、裤脚口等部位往往易于磨损折裂。

（八）哔叽

哔叽为传统的棉型面料，经纬密度接近，如图3-8所示。

面料识别：织物正反两面形状相同而方向相反的斜纹，正面比反面清晰。质地比斜纹布略松，手感柔软，斜向纹路宽而平。

面料用途：多用于女性、儿童服装和被面，也可用于男装。

（九）华达呢

华达呢亦称轧别丁，为双面斜纹织物，斜纹斜度大于45°，如图3-9所示。

面料识别：比卡其纹路间距稍宽，比哔叽纹路明显而细致，布面富有光泽，质地厚实，挺括不硬，耐磨损而不折裂。

面料用途：适宜制作春秋冬季各种男女外衣、裤装。

图3-8　哔叽

图3-9　斜纹华达呢

（十）牛仔布/劳动布

牛仔布/劳动布是一种质地紧密、坚牢耐穿的粗斜纹棉型面料。

面料识别：一般布面呈现向左或向右的斜纹，深浅分明，布正面深而反面浅，形成了深浅不同的外观特征。布身厚实、结构紧密，结实耐用，外观粗犷，穿着休闲随意，尤其受年轻人的偏爱，如图3-10所示。

面料用途：适于做各季男女外套、裤装及衬衫等。此外，牛仔布为了呈现泛白、仿旧等自然随意的效果，使手感更加柔软舒服，常采用水洗、沙洗、石磨等特殊工艺进行美化处理。

（十一）贡缎

贡缎，为缎纹组织，一般包括横贡缎与直贡缎，贡缎的经纬纱大多用优质棉纱织制而成。

面料识别：面料紧密，缎纹在光线下反光较强，有丝绸风格。布面润滑，手感柔软，很像丝绸中的缎类织物，为高档的素色、印花或色织布。

面料用途：适宜做女外衣、便服、套装、高级衬衫等服装及时装，近年也常用于床单、被套、枕套等中高档床上用品，如图3-11所示。

图3-10　牛仔布

图3-11　贡缎

（十二）绒布

绒布属于拉绒棉布的一种，是将平纹或斜纹棉布经单面或双面起绒加工而成的产品。

面料识别：其手感柔软，保暖性好，穿着舒适，布面外观色泽柔和优美。

面料用途：适于男女睡衣裤、内衣、婴幼儿服装等，如图3-12所示。

图3-12　绒布

（十三）灯芯绒

灯芯绒属于纬起毛型面料。由一组经纱和两组纬纱交织而成的固结毛绒。毛纬与经纱交织割绒后，绒面覆盖布面，经整理形成各种粗细不同的绒条。

面料识别：灯芯绒分不同宽窄、粗细的外观风格。粗灯芯绒绒条粗壮，外观粗犷；细条和特细条灯芯绒绒条细密，外观细腻，质地柔软。

面料用途：粗条灯芯绒可制作夹克衫、两用衫、短大衣等，适合男女青年穿着；细条和特细灯芯绒可制作衬衫、罩衫、裙料、儿童服装等，如图3-13所示。

图3-13　灯芯绒衬衫

（十四）树皮绉

树皮绉是织物表面具有树皮褶皱效果的棉型面料。

面料识别：有较强的树皮绉效果，立体感强，手感柔中有刚，富有弹性，外形美观大方，吸湿透气，穿着不贴身，具有仿麻效果，如图3-14所示。

面料用途：纯棉树皮绉常用作夏季衣料；涤棉树皮绉用作春夏、夏秋之间妇女儿童服装面料。

（十五）帆布

帆布因最初用于帆船风帆而得名，是经纬纱均采用多股线织制的粗厚型面料。

面料识别：布面形成饱满的颗粒效果且紧密厚实、外观粗犷、朴实、手感硬挺且坚牢耐磨。

面料用途：多用于男女秋冬外套、夹克衫、风雨衣或羽绒服、鞋类等，如图3-15所示。

图3-14　树皮绉

图3-15　帆布鞋

任务二

麻型面料的识别

⌛ 课前学习任务书

搜集三种常见的麻型面料，将小样贴至面料贴样区，分析面料的特点，并完成下面的学习任务。

织物名称	面料贴样	面料特点
麻型面料1		
麻型面料2		
麻型面料3		

一、麻型面料的主要特征

麻型面料是用麻纤维纺织加工成的织物，常见的有纯麻织物、棉麻混纺织物和麻与化纤混纺或交织的织物。麻织物风格粗狂，手感较粗硬，挺括干爽，强力较大，且湿强力更大。由于麻布衣料具有干爽、利汗、抗菌、舒适及自然美感等特点，其价格介于棉布与丝绸衣料之间，故颇受各层消费者喜爱。

二、常用的麻型面料品种介绍

（一）夏布

夏布用手工绩麻成纱，再以手工方式织成的苎麻布，因专供夏令服装和蚊帐之用而得名，是中国传统纺织品之一，如图3-16所示。

面料识别：细夏布布面条干均匀，组织紧密，色泽匀净，穿时透气散热，挺爽凉快。粗夏布组织疏松，色泽较差。

面料用途：细夏布适用于夏季，粗夏布多用作蚊帐、滤布和衬衫。

（二）苎麻布

苎麻布指机织的苎麻织物，组织一般采用平纹、斜纹和小提花组织。

面料识别：织物品质比夏布细致光洁，布身结构紧密，质地优良，吸湿散热快，挺爽透气，出汗后不贴身，如图3-17所示。

面料用途：是夏季的理想衣料，还可用作茶几布、窗帘布和装饰用布。

图3-16　夏布围巾

图3-17　苎麻斜纹布

（三）爽丽纱

爽丽纱是纯麻细薄型织物的商业名称，如图3-18所示。

面料识别：织物轻薄如蝉翼，略呈透明，有丝绸般光泽和挺爽感，穿着舒适。

面料用途：爽丽纱是制作高级时装及装饰用手帕等制品的高级布料。

（四）麻的确良

麻的确良是苎麻和涤纶的混纺织物，其不仅保持了麻织物原有的特性，还改善了其许多不良性能，如图3-19所示。

面料识别：结构稀疏，轻薄透气，出汗后不黏身，且具有易洗、快干、免烫的特点。

面料用途：麻的确良适用于夏季男女各式服装及绣衣、窗帘、台布、床罩等工艺品。

（五）亚麻平布

亚麻平布是以亚麻或者苎麻纤维为原料纺制而成的平纹织物，如图3-20所示。

面料识别：亚麻平布松软，光泽柔和，透凉爽滑，服用舒适，但弹性较差，不耐折皱和磨损。亚麻平布表面呈现粗细条痕并夹有粗节纱，形成麻布特有风格。

面料用途：适合制作衬衫、裙子、西装、工作服、制服，还可制作床单、台布、餐巾、茶巾、窗帘以及精致的高级手帕等。

（六）混纺麻面料

混纺麻面料是指涤与麻的混纺布或者棉与麻的混纺布，分别指以不同比例的涤纶与亚麻或苎麻混纺而成的织物，和以不同比例的涤纶与亚麻或苎麻、大麻混纺而成的织物，如图3-21所示。

面料识别：不同比例混纺的麻织物风格各异，涤麻混纺布透气性好、挺括、凉爽、易洗快干、风格粗犷，服装保形性及外观均为优异；棉麻混纺粗平布，风格粗犷、平挺厚实。

图3-18 各色爽丽纱

图3-19 麻的确良

图3-20 亚麻平布男衬衫

图3-21 混纺麻唐装

面料用途：涤麻混纺布适宜做夏季外衣裙，棉麻混纺粗平布适于做外衣、工作服等。

（七）交织麻面料

交织麻面料是指棉麻交织、丝麻交织布，以平纹组织为多，漂白麻布为主，如图3-22、图3-23所示。

面料识别：质地细密，坚牢耐用，布面洁净，手感均比纯麻织物柔软。

面料用途：轻薄较细的交织麻布适用于夏季衬衫、衣裙等衣料，较厚的粗支织物则宜用作裤料、海军服、外衣及工作服面料。

图3-22　棉麻交织布　　　　　　　　图3-23　真丝亚麻交织布

任务三

丝型面料的识别

⧗ 课前学习任务书

搜集三种常见的丝型面料，将小样贴至面料贴样区，分析面料的特点，并完成下面的学习任务。

织物名称	面料贴样	面料特点
丝型面料1		
丝型面料2		
丝型面料3		

一、丝型面料的主要特征

丝绸是丝型面料的总称，我国用蚕丝制成的丝绸织物已有数千年的历史，畅销海内外。丝绸具有华丽、富贵的外观，光滑的手感，优雅的光泽，穿着舒适，丝织品可薄如蝉翼，可厚如呢绒，是一种高档服装面料。

二、常用的丝型面料品种介绍

（一）纺类

纺类织物是采用桑蚕丝、绢丝以及人造丝为原料织造而成的平纹组织，是丝绸中最简单的一种，该类织物手感爽滑，平整轻薄，比较耐磨。纺类品种较多，具有代表性的有电力纺、杭纺、绢丝纺、富春纺（图3-24～图3-26）。

面料识别：电力纺俗称仿绸，质地轻薄，比一般绸类飘逸透凉，富有桑蚕丝织物独有的风格。杭纺主要产于浙江杭州而得名，其组织紧密，织纹清晰，绸面光洁平整，手感滑爽，质地坚牢耐穿，穿着舒适凉爽。绢丝纺质地丰满坚韧，绸面平挺，光泽柔和自然，具有良好的吸湿透气性。富春纺是早期仿真丝产品，其布面呈现横细条，质地丰厚，绸面光洁，绸身柔软滑爽，穿着舒适，光泽艳丽美观。

面料用途：重磅电力纺适宜做夏令男女衬衫、裙子、裤子等，轻磅电力纺还可以制作头巾、窗帘、绢花等。杭纺适宜做男女衬衫、裙、裤。绢丝纺适宜做男女衬衫、内衣、睡衣裤等。富春纺适宜做夏季服装、被套，也可做男女冬季棉袄面料。

图3-24　电力纺

图3-25　杭纺

图3-26　绢丝纺

（二）绉类

绉类织物是传统的丝织物品种，具有悠久的历史，采用平纹或其他组织织成，织物外观呈现小颗粒状的皱纹，富有弹性。绉类的典型产品有双绉、留香绉、乔其绉

（图3-27～图3-29）。

面料识别：双绉是中国传统的丝织品，因其绸面呈现双向的细致绉纹而得名，其手感柔软且富有弹性，光泽柔和，轻薄透凉，穿着舒适。留香绉具有民族特色，深受少数民族和妇女欢迎，其质地柔软，色泽鲜艳夺目，提花花型饱满，花纹雅致，多以梅、兰、蔷薇花为主，易起毛勾丝。乔其绉又名乔其纱，其绸面分布着均匀皱纹与明显的纱孔，质地轻薄稀疏，悬垂性好，轻盈飘逸，透似蝉翼，且弹性较好，是丝绸中较轻的品种。

面料用途：双绉适宜制作女衣裙、衬衫、时装等。留香绉适宜制作棉袄面料、民族服装、舞台戏装等。乔其绉一般用来制作妇女连衣裙，还可制作装饰用绸如纱巾、窗帘等。

图3-27　双绉　　　　　　　图3-28　留香绉　　　　　　图3-29　乔其绉纱巾

（三）绫类

绫类织物表面具有明显的斜纹纹路，或以不同斜向组成的山形、条格形以及阶梯形等花纹的丝织物称为绫。绫品种繁多，有素绫和提花绫之分。素绫表面除简单的斜纹纹路外，还有山形、条格形、阶梯形等几何图案；而提花绫的变化则更多，常见的有盘龙、对凤、花环、麒麟等民族传统纹样，花与地互相衬托，极为别致。

面料识别：绫类织物光泽柔和，质地细腻，穿着舒适。

面料用途：中厚型绫适宜做衬衫、头巾、连衣裙和睡衣等，轻薄绫适宜做服装里料，或专供装裱书画经卷以及装饰精美的工艺品包装盒用。

常见品种：

（1）斜纹绸。斜纹绸为纯桑蚕丝的绫类丝织物，表面有明显的斜向纹路，质地柔糯、滑爽轻盈，光泽较好。适于做连衣裙、旗袍、衬衫等，如图3-30所示。

（2）美丽绸。美丽绸又名美丽绫，纯黏胶绫类丝织物，绸面光亮平滑，斜纹纹路清晰，可染成多种颜色，用作秋冬季中高档服装里料，如图3-31所示。

（3）羽纱。羽纱为纯黏胶丝或黏胶丝与棉纱交织的绫类丝织物，较美丽绸稀松，

图3-30　斜纹绸

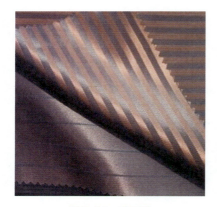

图3-31　美丽绸

图3-32　羽纱

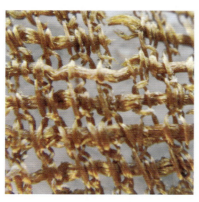

图3-33　显微镜下的罗织物

绸面较光亮平滑，斜纹纹路清晰，手感松软。主要用作中、低档服装里料，如图3-32所示。

（四）罗类

罗类织物是全部或部分采用罗组织织成的丝织物。绸面呈现有规律的横条或直条纱孔，纱孔呈横条的称"横罗"，如图3-33所示，呈直条的称"直罗"。

面料识别：罗身紧密结实，经洗耐穿，质地轻薄，平挺爽滑，孔眼透明，清晰稳定，风格雅致，穿着凉爽舒适。

面料用途：可用于夏令男女衣衫、两用衫、长裤、短裤等。

（五）缎类

缎类织物是以缎纹织成、手感光滑柔软、质地紧密、光泽明亮的一类丝织物。

面料识别：缎类织物质地厚实，外观光亮平滑，色彩丰富，配以提花效果则更为显著。

面料用途：较轻薄的缎类织物可制作衬衫、裙子、头巾、戏装，较厚重的可制作高级外衣、棉袄面料、旗袍、床罩、被面和其他装饰用品。

常见品种：

（1）软缎。软缎是我国丝绸中的传统产品，为缎类中的代表性品种之一。其由于采用了缎纹组织，经纬丝线均为无捻或弱捻，因此缎面具有平滑光亮、手感柔软滑润、色泽鲜艳、明亮细致的特点，背面呈细斜纹状。一般适宜做旗袍、晚礼服、晨衣、冬季棉袄面料，也可做高级服装的里子、服装镶边用料，中低档软缎可用于高级礼品的包装材料，如图3-34所示。

（2）绉缎。绉缎是真丝缎中的一个品种，一面缎纹平亮光滑，另一面呈现绉纹效应。该绸面平整光滑，质地紧密，手感柔软滑润，色泽鲜艳而不耀眼，使织物有雍容华贵之感。绉缎为两面用织物，绉面、缎面都可做织物正面。常用作妇女春、夏、秋三季各类服装，如裙子、衬衫、连衣裙、礼服、绣花衣裙等高级服装，如图3-35所示。

图3-34 软缎织物

图3-35 绉缎织物

（3）桑波缎。桑波缎属于提花真丝缎，缎面光泽柔和、底部略有微波纹的外观效果，其手感柔软舒适、弹性好，纹样以写实花卉或几何图案为主。适宜做男女衬衫、连衣裙、套装等。

（4）织锦缎。织锦缎是丝织品中最为精致的产品，素有"东方艺术品"之称。其缎面光亮、细致紧密，质地平挺厚实，色彩鲜艳夺目，花纹丰满，瑰丽多彩。可用于高级礼服、棉袄面料或戏装，也可用作手提包、鞋面及各种装饰品，如图3-36所示。

（5）古香缎。古香缎其外观与织锦缎十分相似，但不如古香缎缎面光亮、细腻，质地稍松软，纬花纹不如织锦缎丰满。织锦缎和古香缎属于丝织物中最为精致的产品，可用于棉袄面料、戏装、台毯、靠垫以及书画装帧等，如图3-37所示。

图3-36 织锦缎

图3-37 古香缎

（六）锦类

三色以上的缎纹织物即为锦。云锦是我国拥有600年历史的高级艺术丝织物，如图3-38所示。

面料识别：外观五彩缤纷，富丽堂皇，花纹精致古朴，质地较厚实丰满，采用的纹样多为龙、凤、仙鹤和梅、兰、竹、菊以及文字等，再配合上几何纹样，构成具有浓郁民族特色的花纹图案。

面料用途：锦类织物多用作装饰布，在服饰方面多用于制作领带、腰带、棉袄面料及少数民族的大袍等。

图3-38 云锦

图3-39 素绡

图3-40 香云纱

（七）绡类

绡类织物是一类稀薄、质地爽挺、透明、孔眼方正清晰的丝织物，如图3-39所示。

面料识别：质地轻薄飘逸，呈透明状，凉爽透气。

面料用途：适宜制作各种头巾、面纱、披纱和裙衣、晚礼服，也可作为窗帘、帷幕、灯罩等室内高级装饰材料。

（八）纱类

纱类织物是采用加捻丝或纱罗组织织成的，表面呈现清晰而均匀分布的纱孔，质地轻薄透明，具有飘逸感的丝织物。

面料识别：纱类织物透气性好，纱孔清晰、稳定，透明度高，具有轻薄、爽滑、透凉的特点。

面料用途：适合做晚礼服、夏季连衣裙、短袖衫以及高级窗帘等。

常见品种：

（1）香云纱。香云纱织物正面乌黑光亮、光滑，外观类似涂漆效果，反面为咖啡色，呈正反深浅不同的双色效应丝织物，是我国广东省传统产品，多用作夏季服装，如图3-40所示。

服装面料识别与应用

（2）雪纺。雪纺织物经起皱后再进行平整处理，最终获得轻薄、透明、有规律、有一定刚度、稍有光泽的织物。适宜做女晚礼服、连衣裙、高档女衬衫、披纱、头巾等，如图3-41所示。

（九）葛类

葛类织物属于桑蚕丝和人造丝交织物，或用全桑蚕丝合股线为经纱、纬纱织成，绸身反面为缎背而正面为平纹，是具有明显横向条凸纹的花素丝织物。属质地厚实的一类丝织物。

面料识别：葛类织物大多质地厚实而坚牢，底纹表面光泽少。服装用葛织物较为轻薄，质地细致，织物清晰。

面料用途：可用作男女衬衫、裙子、冬季棉袄面料等。

（十）绒类

绒类织物表面全部或局部呈现毛绒或毛圈的丝织物称为丝绒。丝绒品种繁多，花式变化万千。

面料识别：丝绒织物色泽光亮，手感舒适，悬垂性极好。

面料用途：适宜旗袍、裙子、帽子、时装、丝织天鹅绒毯和装饰物等。

常见品种：

（1）天鹅绒。天鹅绒是中国传统丝织物，其绒毛或绒圈紧密耸立，绸面手感厚实，富有光泽，织物坚牢耐磨，色泽以黑、绛、红、青为主。适于制作旗袍、时装等高级服装面料，以及帽子、披肩等，如图3-42所示。

（2）利亚绒。利亚绒属于黏胶丝绒的一种，绒毛丰满，色彩鲜艳，光泽明亮夺目，手感柔软，可用于妇女各类服装，也可制作围巾、披肩、帷幕等。

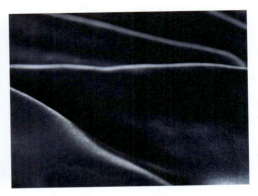

图3-41 雪纺　　　　　　　　　　　图3-42 天鹅绒

（十一）绢类

绢类织物是采用平纹或平纹的变化组织，经纬纱先染色或部分染色后进行色织或半色织套染的丝织物，如图3-43所示。

图3-43 绢类

面料识别：质地比缎、锦轻薄而坚韧，绢面细密平整，手感挺括，光泽柔和。

面料用途：常用作外衣、礼服、羽绒服面料、羽绒被套料，还可用作床罩、领结、帽花等。

（十二）绨类

绨类织物以黏胶丝或其他化纤长丝作为经纱，棉纱或上蜡棉纱作为纬纱，织成质地较粗厚的丝织物称为绨。

面料识别：绨类织物较厚实，坚牢耐用，由于采用了黏胶丝、棉线，故吸湿透气性好，且价格便宜。

面料用途：多用作夹衣面料、棉袄面料、高级服装里料及戏装面料，如图3-44所示。

图3-44 绨类织物戏服

（十三）呢类

呢类织物有毛型感的丝织物称为呢，是丝织物中最为丰厚的织物。

面料识别：织物表面光泽柔和，质地丰满厚实，手感松软，坚韧耐穿，富有弹性，大多为素色织物，也可印花，特别是染成深色者更具稳重感。

面料用途：多用作衬衫、套裙、夹克衫、两用衬衫面料及冬季棉袄面料等。

（十四）绸类

绸类织物有平纹、变化组织等不同外观的薄型丝织物，也可以说其他大类归不进去的薄型丝织物均可归入绸类，常见的有塔夫绸（图3-45）、柞蚕丝与锦绸等。

图3-45 塔夫绸

面料识别：绸类织物质地细密，比缎稍薄，比纺稍厚。轻薄型的绸质地柔软、富有弹性，较厚重的绸挺括有弹性、光泽柔和，强力和耐磨性能较好。

面料用途：轻薄型的绸常用作夏装，如衬衫、连衣裙等；较厚的绸可做西服、礼服、外套、裤料或供室内装饰用。

任务四

毛型面料的识别

⧖ 课前学习任务书

搜集三种常见的毛型面料，将小样贴至面料贴样区，分析面料的特点，并完成下面的学习任务。

织物名称	面料贴样	面料特点
毛型面料1		
毛型面料2		
毛型面料3		

一、毛型面料的主要特征

毛型面料是指以羊毛、兔毛、骆驼毛等为原料，或以羊毛与其他化纤混纺、交织的一类织物，一般以羊毛为主，习惯上又称为"呢绒"。纯毛织物光泽柔和自然，手感柔软而富有弹性，色泽雅致，穿着舒适美观，抗皱性好，不易折皱，吸湿性强，耐磨性、保暖性俱佳，是秋冬季理想的服装面料。

二、常用的毛型面料品种介绍

（一）精纺毛

精纺毛织物采用优质羊毛毛条或混用30%～55%的化纤为原料纺成支数较高的精梳毛纱。所用羊毛品质高，织物表面光洁、织纹清晰，手感柔软，富有弹性，平整挺括，坚牢耐穿，不易变形。一般织成高档或中档夏春秋各季理想的服装衣料。

1.轻薄精纺毛料

传统的轻薄精纺毛织物有凡立丁与派力司两种，主要用于制作夏季服装。

面料识别：凡立丁是精纺呢绒中密度最小的一个品种，织纹清晰，呢面平整光洁轻薄，手感滑爽而富有弹性，光泽柔和自然，多为批染，以浅色为多；派力司是由混色精梳毛纱织成的轻薄毛织物，是精纺呢绒中最轻薄的一种，其呢面有不规则雨丝花纹，弹性好，经烧毛处理后，呢面平整光洁，手感爽滑，质地轻薄，光泽柔和，一般是条染混色，以浅灰色、中灰色居多。

面料用途：凡立丁适宜制作春秋初夏上衣、西裤、裙，也可做夏季男装、制服等；派力司适宜制作夏季西裤、套装、时装等。

派力司与凡立丁的区别：派力司是混色夹花的，而凡立丁是单色的，派力司的密度比凡立丁大些，重量比凡立丁稍轻（图3-46、图3-47）。

图3-46 派力司

图3-47 凡立丁

2. 华达呢

又称轧别丁，是一种由精梳毛纱织制的紧密斜纹毛织物，属高档服装面料，是精纺呢绒的主要品种，如图3-48所示。

面料识别：织物色泽以藏青、米色、咖啡、银灰为主。其经密大，呢面呈现63°左右的清晰斜纹，手感滑糯而厚实，质地紧密厚实且富有弹性，布面光洁平整、色光柔和自然。

面料用途：适宜制作高档西服、风衣、制服、西裤、套装等。

图3-48 华达呢

图3-49 哔叽

图3-50 混纺啥味呢

3. 哔叽

哔叽属于高档精纺服装面料之一，根据采用原料和规格不同可分为哔叽、中厚哔叽、薄哔叽等几种，如图3-49所示。

面料识别：呢面光洁平整，织纹清晰，手感滑糯有身骨，悬垂性好。一般以匹染为主，颜色以藏青为主，其次有灰、黑、咖啡等色。

面料用途：适宜制作男女西服、套装、职业装等。

哔叽与华达呢的区别：手感上，哔叽丰糯柔软，华达呢结实挺括。在呢面纹路上，哔叽纹路清晰平整，可以看见纬纱，华达呢纹路清晰而挺立，斜纹陡而平直，间距宽，纬纱几乎看不见。

4. 啥味呢

啥味呢属于精纺服装面料中的风格产品之一，采用色条混合的方法纺成混色精梳毛纱，其色泽以灰色、咖啡等混色为主，分毛面啥味呢、光面啥味呢及混纺啥味呢三种，如图3-50所示。

面料识别：光面啥味呢呢面平整光洁，纹路清晰，毛面啥味呢光泽自然柔和，手感不板不烂，有身骨、弹性好。

面料用途：适宜制作男女西服、中山装及夹克衫等。

5. 女衣呢

女衣呢是精纺呢绒中结构较松、专用于女装的一类织物，如图3-51所示。

面料识别：质地细洁松软，富有弹性，织纹清晰，色泽匀净，光泽自然，大多为素色产品，也有混色、花色品种。

面料用途：适宜做春秋季妇女各式服装，该产品时令适应性强，为理想的女装面料。

6. 驼丝锦

驼丝锦是精纺毛织物的传统高档品种之一。织物采用优质细羊毛织成缎纹组织，如图3-52所示。

面料识别：织物表面平整润滑，织纹细腻，光泽明亮，手感柔软，紧密弹性好，有丰厚感。

面料用途：常用于礼服、西服套装等。驼丝锦织物一面光亮、一面光泽柔和，为了防止织物光亮面穿着摩擦后出现极光，常用光泽柔和的一面做服装的正面，使服装既有悬垂的造型、挺括的手感又不易出现极光。

图3-51 女衣呢　　　　　　　　　　图3-52 驼丝锦

7. 薄花呢

薄花呢所采用的原料与单面花呢基本相同，采用平纹织成，正反捻向或色纱形成花条、隐格等细小花型。

面料识别：质地轻薄、手感滑爽，多以浅色为主，穿着舒适挺括。

面料用途：是夏季男女衬衫、西裤、女衣裙等服装理想的衣料，如图3-53所示。

8. 中厚花呢

中厚花呢的主要品种是单面花呢，一般采用纯羊毛或混用涤纶纺成精梳毛纱，采用斜纹变化组织织成，它是花呢中最厚的产品。

面料识别：呢面具有凹凸条纹或花纹，正反面花纹明显不同，手感厚实，富有弹性，如图3-54所示。

面料用途：适于制作西服套装，尤其是高档牙签条花呢是单面花呢的特色品种，为高级衣料，深受国际市场欢迎。

9. 礼服呢

礼服呢又称直贡呢，是精纺毛织物中历史悠久的高级产品，采用股线为经，单纱为纬的变化斜纹组织。也是精纺毛织物中经纬密最大且最厚的品种。

面料识别：呢面平滑、质地厚实，表面呈75°倾斜纹路、细洁平整，光泽乌亮美观。

面料用途：主要适于制作高级春秋大衣、皮大衣、礼服、便装、民族服装等，如图3-55所示。

图3-53　薄花呢裙　　　　　　　图3-54　中厚花呢　　　　　　　图3-55　礼服呢制服

10. 麦士林

采用纯羊毛或以羊毛与涤纶混纺精梳毛纱织成的平纹细薄织物。

面料识别：有身骨、弹性好，较为爽利，组织松软。

面料用途：主要适于男女夏季高档衬衫、礼服、男短裤、女衣裙等衣料。

各国麦士林区别：各国生产的麦士林质地、花型都不尽相同，英国的麦士林常织成条格花型；瑞士的麦士林则在平素底上加刺绣花纹；美国和法国的麦士林采用绢丝制造，斜纹组织，具有手感滑爽、轻薄、活络等丝绸感；日本的麦士林，经纱采用比纬纱略粗的股线，以平素产品为主，也有印花的。

11. 马裤呢

马裤呢是精纺呢绒中身骨最厚重的品种之一，由于最初用作军用马裤和猎装马裤，由此得名。

面料识别：马裤呢用纱较粗，结构紧密，呢面呈现陡急的斜向凸纹，斜纹纹路粗壮、清晰、凸出、饱满。织物正反面不同，正面有粗而凸出的纹路，反面织纹平坦。质地丰厚，呢面光洁，织纹粗犷，手感挺实而富有弹性，呢身结实坚牢，光泽自然柔和。以深色为主，也有混色和用花式线织成的夹花、闪光等花色。

面料用途：适于做高级军大衣、军装及两用衫、夹克衫等，如图3-56所示。

图3-56 马裤呢军装

（二）粗纺毛

一般使用精梳短毛、30%～40%的化纤为原料，纺成支数较低的粗梳毛纱，再织成高、中、低各档织物。织物一般经过缩绒和起毛处理，故呢身柔软而厚实，质地紧密，呢面丰满，表面有绒毛覆盖，不露或半露底纹，保暖性好，是春秋冬各季理想的服装外衣面料。

1.麦尔登

麦尔登属粗梳毛纺呢绒中的主要品种之一。

面料识别：呢面有细密绒毛覆盖，品质较高，手感丰满，呢面细洁平整，身骨挺直，富有弹性，耐磨不易起球，色泽柔和美观。

面料用途：适用于男女冬季各式服装、春秋短外衣等高档服装面料，如图3-57所示。

图3-57 麦尔登外套

2.法兰绒

法兰绒属中高档混色粗纺呢绒，是将部分原料进行散纤维染色，再掺入部分白色纤维，均匀混合后得到混色毛纱，色泽以黑白混色为多，呈中灰色、浅灰色或深灰色，如图3-58所示。

面料识别：呢面细洁平整、手感柔软丰满、混色均匀，并具有法兰绒传统色黑白夹花的灰色风格，薄型的稍露底，厚型的质地厚实紧密，混纺法兰绒因有黏胶纤维，故质地较软。

图3-58 法兰绒

面料用途：各种法兰绒适于做春秋大衣、风衣、西服套装、西裤、便服等高档或中档男女服装面料。

3.制服呢

制服呢是粗纺呢绒中的大众品种，其价格较低、结实耐用、使用面广。

面料识别：质地厚实，保暖性好，但因使用较粗、短的羊毛，手感粗糙，呢面织

图3-59 制服呢外套

图3-60 大衣呢外套

图3-61 粗花呢

图3-62 海力斯大衣

纹不能完全被绒毛覆盖而轻微露底，特别是穿着稍久，经多次摩擦更易出现落毛露底现象而影响外观。

面料用途：一般用作制服、大衣、外套、夹克衫等，如图3-59所示。

4.大衣呢

大衣呢属厚重粗纺织物，其产品风格特征因男女大衣用途不同而异。

面料识别：男大衣色泽以深色、暗色为多，且以厚型为主；女大衣则比男大衣稍感轻薄，花式混色为多。

面料用途：主要做各式男、女长短大衣面料，如图3-60所示。

5.粗花呢

粗花呢是目前粗纺织物中用量较多的织物，如图3-61所示。

面料识别：用单色纱、混色纱、合股线、花式纱线等与各种花纹组织配合在一起，形成人字、条格、圈圈、小花纹、提花等各种花型。该产品呢身较粗厚，构型典雅，色彩协调，粗犷活泼，坚挺大方。

面料用途：适用于女时装、女春秋衣裙、男女西服上装、长短大衣、童装、中老年服装、围巾等服饰，是物美价廉的理想面料。

6.海力斯

海力斯主要为低档粗花呢用料，采用平纹及斜纹组织的一种密度较稀的织物。

面料识别：呢面粗糙露底，经起毛后，呢身松而硬挺，价格低廉。

面料用途：适于做男女春秋大衣、外套、童装、学生装等面料，如图3-62所示。

7.大众呢

大众呢属于粗纺中档呢绒，包括一般所说的学生呢，如图3-63所示。

面料识别：呢面平整丰满、不露底，质地紧密，手感挺实有弹性，具有一定保暖性。但因短毛含量多，耐起球性较差，且磨后易露底，价格较为低廉。

面料用途：适于做秋冬学生校服、各种职业服装、春秋大衣、便服等中档服装面料。

图3-63 大众呢

（三）长毛绒

长毛绒也称海虎绒，属于一种用精梳毛纱及棉纱交织的立绒织物。有衣面长毛绒或衣里长毛绒等各种产品，如图3-64所示。

面料识别：衣面长毛绒的绒毛平整挺立，毛丛稠密坚挺，保暖性好，绒面光泽、明亮、柔和，手感丰满厚实，具有特殊的外观风格；衣里长毛绒绒丛较衣面绒稀疏且有倒状，手感松软，保暖轻便，具有较好的耐穿性，且多以化纤混纺或纯纺，价格较低廉。

面料用途：衣面长毛绒主要适于做女时装，长、短大衣，帽子及衣领等服饰配件用品。

（四）驼绒

驼绒属于以粗梳毛纱和棉纱交织的拉绒针织物。采用较低档的四五级羊毛或混用30%左右化纤，纺成粗纺毛纱并以棉纱为底交织成坯，再经拉绒及后整理加工成每平方米560～750g的各种不同外观风格的驼绒。

面料识别：质地松软、富有弹性、绒面丰满、手感厚实、轻柔保暖，其经、纬向伸缩性好，因此成衣穿着性能良好，但裁剪加工应注意掌握。

面料用途：主要适用于春秋冬各种服装里料或衬里、童装大衣面料、帽、鞋等用料，如图3-65所示。

图3-64 长毛绒

图3-65 驼绒背心

·•◦◦◦◦ ☀ ◦◦◦◦•·

化纤类面料的识别

⏳ 课前学习任务书

搜集四种常见的化纤类面料，将小样贴至面料贴样区，分析面料的特点，并完成下面的学习任务。

织物名称	面料贴样区	面料特点
化纤类面料 1		
化纤类面料 2		
化纤类面料 3		
化纤类面料 4		

一、人造纤维素纤维面料

（一）人造棉平布

人造棉平布是用普通黏胶纤维纺成纱的平纹组织，可织成厚薄不同的人造棉细平布、中平布，再经染色和印花加工而成各种人造棉布和花布，如图3-66所示。

面料识别：质地均匀、色彩艳丽，手感爽滑，穿着舒适。

面料用途：一般织成高档或中档春、夏、秋各季理想的服装面料。

图3-66　人造棉平布

（二）富纤布

富纤布以棉型富纤为原料成纱，以平纹、斜纹组织织成的富纤细布、斜纹布、华达呢等，如图3-67所示。

面料识别：色泽鲜艳度较差，手感挺滑，抗皱性稍好，坚牢耐用，缩水率较小。

面料用途：是春秋冬各季理想的服装面料。

图3-67　富纤布

（三）人造丝织物

人造丝织物包括黏胶长丝、醋酯长丝等纯人造丝织物。主要有人造丝无光纺、美丽绸、醋酯人造丝软缎及织锦缎，如图3-68所示。

面料识别：人造无光纺是采用无光人造长丝为原料而织成的平纹绸类织物，其密度较稀，比绸稍薄，手感柔滑，与电力纺类

图3-68　美丽绸

似，表面光洁，色洁白而无亮光，并以色淡雅为主格调；美丽绸织物表面平滑，光泽正面明亮有细纹路，反面暗淡无光，手感滑爽，色泽多为蓝、灰、咖啡等色；醋酯人造丝软缎及织锦染色鲜艳、光泽好，外观酷似真丝绸缎，但较真丝绸缎便宜。

面料用途：人造无光纺适于做夏季男女衬衫、衣裙、戏装、围巾等用料，美丽绸主要用作呢绒服装里料，醋酯人造丝软缎及织锦缎是舞台服装的理想材料。

图3-69 混纺大衣呢

图3-70 涤纶仿丝绸

（四）黏胶纤维混纺织物

黏胶纤维与棉、毛或其他合成纤维混纺成纱而织成的各种不同风格特征的织物。混纺粗花呢、混纺制服呢、海军呢、大衣呢都是以黏胶纤维与毛的不同比例混纺成纱织成，如图3-69所示。

二、涤纶面料

（一）涤纶仿丝绸织物

涤纶仿丝绸织物的原料一般采用涤纶长丝或短纤维为经纬纱，织成相应的绸坯，再经染整及减碱量加工，从而获得既具有真丝风格，又有涤纶特性的织物，其服装舒适性差，但由于其价格便宜，仍受消费者欢迎。常见的涤纶仿丝绸织物有仿丝绸、仿丝缎、涤纶纬长丝仿丝缎、涤纶交织绸等品种，如图3-70所示。

面料识别：仿丝绸具有质地轻薄、悬垂性好、绸面平整柔滑、光泽柔和自然，类似真丝绸高雅的外观风格；仿丝缎酷似真丝提花缎织物，缎面丰满、手感柔滑、光泽自然柔和且富有弹性；涤纶纬长丝仿丝绸质地轻薄、手感软滑、光泽晶莹、色泽柔和，既保持了涤纶织物的挺括抗皱、免烫坚牢的特点，又具有丝绸轻、薄、滑、悬垂、透气的优良性能；涤纶交织绸质地轻薄，绸面闪闪发光，具有独特外观，手感挺滑，穿着有闷气感。

面料用途：涤纶仿丝绸织物一般适用于做夏季男女衬衫、便服、女用衣裙、舞台服装等衣料；仿丝缎适于做晚礼服、婚礼服、春秋便服、冬季棉衣面料、围巾等服饰用品；涤纶纬长丝仿丝绸适于做夏季男女衬衫、衣裙等服装衣料；涤纶交织绸适于做男女外用服。

（二）涤纶仿毛织物

涤纶仿毛织物主要为精纺毛产品，其中一种是用涤纶长丝为原料，多采用涤纶加弹丝、涤纶网络丝或多种异形截面的混纤丝织成的仿毛产品，色光均匀，仿毛效果极好，如图3-71所示。

面料识别：仿毛织物均较纯毛织物滑亮，价格比同类毛织物便宜，颇受消费者欢迎。常见的涤纶仿毛织物有涤弹哔叽、涤弹华达呢、涤弹条花呢、涤纶网络仿毛织物、涤弹花式仿毛织物等。

面料用途：涤弹哔叽及涤弹华达呢适于做中档外用服装面料、裤装等；涤弹条花呢为中档西服、女套裙等服装面料；涤纶网络纺毛织物适于做男女西服、衣裙、童装等衣料。

图3-71　涤纶仿毛制品

（三）涤纶仿麻织物

涤纶仿麻织物是目前国际服装市场大受欢迎的衣料之一，采用涤纶或涤黏混纺强捻纱、花式线以平纹和凸条组织织成，具有手感干爽的仿麻织物。

面料识别：以平纹或凸条组织形成外观粗犷、手感柔而干爽、穿着舒适、麻感较强的薄型仿麻织物。

面料用途：一般中厚型仿麻织物适于春秋季男女套装、夹克，薄型仿麻织物则适于做夏季男女衬衫、衣裙及时装等衣料。

（四）涤纶仿麂皮织物

涤纶仿麂皮织物主要以细或超细涤纶纤维为原料，以非制造织物、机织物、针织物为基布，经特殊整理加工而获得的各种性能外观颇似天然麂皮的涤纶绒面织物。常见的有人造高级麂皮、人造优质麂皮、人造普通麂皮，如图3-72所示。

图3-72　涤纶仿麂皮

面料识别：人造高级麂皮质轻、舒适，手感丰润、坚牢耐用；人造优质麂皮柔软典雅，具有良好的悬垂透气性，有华贵高档感；人造普通麂皮手感柔软，富有弹性及皮感，透气舒适，绒面细腻、坚牢耐用。

面料用途：人造高级麂皮适于做女上衣、夹克、礼服等高级服装用料，人造优质麂皮是国际服装市场上颇受欢迎的礼服、西装、衣裙、夹克等服装衣料，而人造普通麂皮适于做男女风衣、夹克、西服上装等。

（五）涤纶混纺织物

为了弥补涤纶吸湿性小、透气舒适性差的不足，同时为改善天然纤维的服用保形性及坚牢度，并考虑降低成本，常采用涤纶与棉、毛、丝等天然纤维混纺，织成各类混纺织物。常见的有涤棉混纺布、涤毛混纺呢、涤绢混纺绸、涤/黏华达呢、涤腈隐条呢等。

三、锦纶面料

（一）锦纶塔夫绸

锦纶塔夫绸是锦纶长丝为经、纬纱织成的密度较大的平纹织物。

面料识别：经摩擦轧光和防水整理加工，或者进行聚氨酯涂层整理，这样可获得手感爽滑，表面光洁的普通锦纶塔夫绸；或表面有轧花图案，光亮，防水透气，手感柔滑的轧花防水塔夫绸；以及表面特亮，布纹不清，防水而透气性差的涂层锦纶塔夫绸，如图3-73所示。

图3-73　锦纶塔夫绸

面料用途：各种塔夫绸均适于制作轻便服装、羽绒服，以涂层锦纶塔夫绸最好，轧花塔夫绸多用于时装面料，普通塔夫绸也可用于服装里料。

（二）锦纶绉

锦纶绉以捻度各不相同的锦纶做经、纬纱织成。

面料识别：织物表面细皱均匀、手感轻薄挺爽，是外观绚丽多彩的印花或素色锦纶织物。其成衣保形性好、坚牢耐用，价格适中。

面料用途：适于做夏季衣裙、春秋季两用衬衫、冬季棉衣面料，是服装适用性较广的衣料之一。

（三）尼棉绫

尼棉绫是以锦纶长丝为经、丝光棉线为纬织成的具有特殊外观的斜纹仿丝织物。

面料识别：其正面闪红光，丝光闪亮别具一格，质地坚牢挺滑，但其耐光性差，价格便宜。

面料用途：常用作外衣、便服等中低档服装的面料。

（四）锦黏毛花呢

锦黏毛花呢采用毛型黏胶纤维、锦纶短纤维与羊毛按一定比例混纺成纱，以平纹组织用不同捻向和三种原料不同的染色性能加工成各种隐条、隐格或混色织物。

面料识别：色泽上锦黏毛花呢比全毛花呢鲜艳，弹性身骨有毛感，价格仅为全毛花呢的一半。

面料用途：锦黏毛花呢是中档衣料，适用于男女西服、衣裙、两用春秋衬衫、风衣等一般服装面料。

四、腈纶面料

（一）腈纶纯纺织物

腈纶纯纺织物主要品种有腈纶女士呢、腈纶膨体大衣呢等。腈纶女式呢采用100%毛型腈纶纤维，在精梳毛纺系统加工成纱，以松结构长浮点或绉组织织成坯布，经染整加工后获得仿毛产品。

面料识别：腈纶女士呢色泽艳丽，手感柔软，富有毛感，不松不烂，质轻保暖。腈纶膨体大衣呢采用腈纶膨体纱为原料，以平纹、斜纹组织（多以色织为主）织成条格、混色织物，经整理加工形成布面毛绒、手感丰满、保暖轻松的中厚型腈纶仿毛织物。

面料用途：腈纶女式呢适于做女外衣、套裙等中低档服装衣料，腈纶膨体大衣呢适于制作女用春秋大衣、外套、夹克、便服以及童装大衣等，如图3-74所示。

图3-74　腈纶围巾

（二）腈纶混纺织物

腈纶混纺织物主要指以毛型或中长型腈纶与羊毛或黏胶纤维混纺的织物。常见品种主要有腈黏华达呢、腈涤花呢、腈毛条花呢、腈纶驼绒等。

（1）腈黏华达呢以腈纶和黏胶纤维为原料进行对半比例的混纺，在精梳毛纺系统加工成纱而织成的仿毛华达呢织物，织物比全毛华达呢色泽艳丽，手感柔软有毛感，价格较低廉，但弹性较差。适于做低档春秋服装衣料。

（2）腈涤花呢以腈纶和涤纶混纺成纱，有花色及花式纱两种，按不同外观要求以平纹、斜纹组织加工成仿毛花呢，织物外观挺括，易洗快干，坚牢免烫，但舒适性较差。适于做男女外衣、西服、套裙等中档服装衣料。

（3）腈毛条花呢以腈纶和毛混纺成纱，以棉纱为经向嵌条线，或以不同组织变化而形成条花风格，手感蓬松柔软，毛感较强，外观极似纯毛条花呢，价格便宜。适于做男女西服套装等中档服装衣料。

（4）腈纶驼绒以棉纱为底、腈纶膨体纱为绒面拉绒纱的针织坯布，经拉毛及整理加工而成的腈纶拉绒织物，绒面蓬松细密，轻柔保暖，洗涤方便，价格比羊毛驼绒便宜，色泽鲜艳，但耐磨性差，穿后绒毛易被磨损。适于做冬季衣里衬，也是童装大衣理想面料。

五、氨纶面料

氨纶弹力织物中的氨纶纤维多以包芯纱的形式存在，包覆材料可以是棉、麻、丝、毛及其他化学纤维，并可织成不同组织结构和不同规格的弹力织物，其外观风格、吸湿、透气性均接近各种天然纤维同类品种。常用作紧身衣、运动服、内衣裤等一些具有弹性的服装款式，如图3-75所示。

图3-75　氨纶包芯线

六、维纶面料

（一）维棉平布

维棉平布是采用维棉混纺成的平纹布，如图3-76所示。

图3-76　维棉平布

面料识别：维棉平布批染后呈混色风格，具有质地坚牢、柔软舒适、价格便宜的特点。

面料用途：适于制作内衣、便服、童装，本白色多用于口袋布、里衬等。

（二）维棉哔叽或华达呢

面料识别：采用与维棉平布相同的纱织成的哔叽或华达呢类织物，一般为深蓝色或本白色，质地厚实，坚牢耐用，柔软舒适，外观似棉布，不挺括。

面料用途：为低档的服装衣料，适于制作工作服。

七、丙纶面料

（一）丙棉细布

丙棉混纺织成的平纹布，布面平整，有本色及杂色织物，也有印花和树脂整理花色品种。

面料识别：有"土的确良"别称，挺括爽利、易洗快干、坚牢耐用、价格低廉，但有闷气感，如图3-77所示。

面料用途：适于做童装、便服、工作服及衬衫等一般服装面料。

图3-77 丙棉细布

（二）帕丽绒大衣呢

帕丽绒大衣呢为仿毛产品，采用原液染色丙纶，以复丝加工成艺术毛纱圈，再织成别具风格的仿粗梳毛呢织物，有纯丙纶或丙棉交织织物两类。

面料识别：毛圈色牢度好，质地厚实，轻便保暖，毛感很强，易洗快干，价格低廉。

面料用途：适于做青年男女春秋外衣、童装大衣、时装等衣料。

本章小结

1. 棉型面料是指以棉纱或棉与化纤混纺纱线织成的织物。常见棉织物的特征及用途。

2. 麻型面料是用麻纤维纺织加工成的织物，常见的有纯麻织物、棉麻混纺织物和麻与化纤混纺或交织的织物。常见麻织物的特征及用途。

3. 丝绸是丝型面料的总称，我国用蚕丝制成的丝绸织物已有数千年的历史，畅销海内外，包括纺、绉、绫、罗、缎、锦、绡、纱、葛、绒、绢、绨、呢、绸共14大类。常见丝织物的特征及用途。

4. 毛型面料是指以羊毛、兔毛、骆驼毛等为原料，或以羊毛与其他化纤混纺、交织的一类织物，一般以羊毛为主，习惯上又称为"呢绒"。常见毛织物的特征及用途。

5. 常见化纤类面料的特征及用途。

思考题

1. 分别简述棉型面料、麻型面料、丝型面料、毛型面料的特征。

2. 列举3种棉型面料，并描述其面料特征及用途。

3. 列举3种麻型面料，并描述其面料特征及用途。

4. 列举3种丝型面料，并描述其面料特征及用途。

5. 列举3种毛型面料，并描述其面料特征及用途。

6. 根据本章所学各类面料的特征，完成下面的内容填写。

面料名称	面料贴样区	面料特征
府绸		
塔夫绸		
华达呢		
哔叽		

项目四

服装面料在生活服中的应用

课题名称

服装面料在生活服中的应用

课题内容

1. 生活服对服装面料的要求
2. 生活服面料的应用实训

教学目的

学生能够在熟悉常用生活服面料基本特点的基础上，针对不同生活服装大致判断其对于服装面料的要求，并作出相应合理的服装面料选择。

教学方式

多媒体教学，结合经典图片进行授课。

教学要求

1. 教师理论教学2课时。
2. 学生实训2课时。

课前准备

学生收集身边常见生活服面料或图片，教师准备典型图片和面料或服装样品。

课题时间
4课时

❀

生活服对服装面料的要求

⌛ 课前学习任务书

请根据以下给定的生活服款式，分析款式特点，收集相似面料，并粘贴至小样区域。

服装款式	面料贴样区

一、生活服的概念与分类

生活服是指我们在生活中穿的最多，感觉随意、方便，适用于多种场合，且能体现个性的服装种类。

这类服装通常体现人们的审美情趣、个性及文化素养，具有流行性和装饰性。同时，也体现了休闲、舒适与便捷，如图4-1所示。

生活服的范围较广，不同季节、不同年龄、不同性格的人对生活服的选择也不尽相同。因此，生活服无论在颜色、花型、款式、质材、风格和价格上都是多种多样的。

图4-1 日常生活服

二、生活服的穿着目的

生活服穿着场合众多，穿着目的一般以整洁悦目、方便舒适为主。外出生活服偏重体现个性、修养、气质、品位等，如图4-2所示。而居家服则以轻便、舒适为主，且能营造家庭温馨气氛，如图4-3所示。

图4-2 外出服

图4-3 居家服

三、生活服对面料的要求

生活服的面料以流行潮流为依据，按照不同的需要来确定。风格上，棉织物朴实，麻织物粗犷，丝织物轻柔，毛织物稳重，化纤织物新潮。

（一）一般生活休闲服对面料的要求

一般休闲服居家、外出服用均可。可选用丝光棉、印花布、高支府绸、人造棉布、涤纶绸及卫衣布等材料，如图4-4～图4-6所示。

图4-4 印花衬衫

图4-5 府绸衬衫

图4-6 棉质卫衣

（二）外出生活服对面料的要求

外出服具有流行时尚性，面料不但要有与外部环境相适应的色彩格调，还要有舒适的穿着体验以及塑造形象的织物身骨，而且对于服装面料的耐磨性也有一定的要求。既可选用平整稳定的机织物，也可采用针织物或编织物。

男式大衣、风衣类一般选择华达呢、花呢、双面呢、涤棉卡其布、磨毛帆布，以及兼具防雨功能的涂层织物，如图4-7所示。

图4-7 不同质感的大衣呢

女式外出服在面料的选择上要注意审美，既时尚个性，又不失舒适感。一般而言，重磅真丝绸、绢纺绸、涤麻混纺花呢及涤纶仿毛、仿丝、仿麻、仿麂皮织物都较为常用。女大衣根据个人经济条件，市面上从较贵的羊绒、羊驼大衣呢，到中档的纯毛、腈毛混纺大衣呢，再到便宜的腈纶仿毛、腈纶拉绒面料，选择较多，如图4-8～图4-10所示。

图4-8　涤纶仿缎女上衣　　　　图4-9　仿麂皮女外套　　　　图4-10　双面羊绒大衣

（三）居家生活服装对面料的要求

居家生活服装一般以轻便舒适、手感柔软、色彩温和、图案雅致清新的纺织面料为主。既要求具有优良的穿着性能，还要方便洗涤和整理。纯棉印花布、色织布、针织布、人造绒、人造棉布都是居家服较为常见的选择，如图4-11、图4-12所示。

图4-11　各色纯棉居家服　　　　　　　　图4-12　人造绒居家服

生活服面料的应用实训

一、实训一

请根据以下生活服装，给出3种以上的面料选择建议，并将收集到的面料小样粘贴至相应区域。

类别	方案 1	方案 2	方案 3
居家服			
男大衣			
女衬衫			
女外套			

二、实训二

请为以下服装款式选择合适的面料，并粘贴在面料展示区。

款式	面料展示区

服装面料在职业服中的应用

 课题名称

服装面料在职业服中的应用

课题内容

1. 职业服对服装面料的要求
2. 职业服面料的应用实训

教学目的

学生能够在熟悉常用职业服面料基本特点的基础上，针对不同职业服大致判断其对于服装面料的要求，并作出相应合理的服装面料选择。

教学方式

多媒体教学，结合经典图片进行授课。

教学要求

1. 教师理论教学2课时。
2. 学生实训2课时。

课前准备

学生收集身边常见职业服面料或图片，教师准备典型图片和面料或服装样品。

课题时间
4课时

任务一

❀

职业服对服装面料的要求

⏳ **课前学习任务书**

请根据以下职业服款式，分析款式特点，收集相似面料，并粘贴至面料贴样区。

服装品名	服装款式	面料贴样区
护工服		
男士制服		
公司职员服		

一、职业服的概念与分类

（一）职业服的概念

　　职业服又称工作服，是为工作需要而特制的服装。职业服设计时需根据行业的要求，结合职业特征、团队文化、年龄结构、体型特征、穿着习惯等，从服装的色彩、面料、款式、造型、搭配等多方面考虑，提供最佳设计方案，为消费者打造富有内涵和高品位的全新职业形象，如图5-1所示。

图5-1　职业服

（二）职业服的分类

　　职业服即制服，一般是指标志性较强，在各自的工作场合穿着的服装。例如，军人的军服、警察的警服、乘务人员的职业服、餐厅服务人员职业服、商场销售人员职业服、医务人员职业服等。

二、职业服的穿着目的

　　职业服是表现职业特点，显示着装者的身份、职务、任务和行为的服装。穿着职业服的目的是展现群体形象，起着统一、美观和标识的作用。穿着职业服不仅是对服务对象的尊重，同时也使着装者有一种职业自豪感、责任感，是敬业、乐业在服饰上的具体表现。

　　对内来说，员工身着统一、分明的工作服进行各项工作，忙而不乱、有条不紊，有助于形成企业的向心力和凝聚力，以激励每个员工按企业的理念、精神去努力工作。

　　对外来说，让用户、消费者通过统一的职业服及其相应的产品和服务品质，对其产生好感、认同感，无形中增加了其竞争的优势。

三、职业服对面料的要求

　　职业服的面料以端庄大方，适应众多对象的群体穿着为原则。一般为素色传统面料，并在不同部位镶嵌显著的标志。面料的档次、性能，按职业不同要求也不同。

　　例如，警服要求威严、端庄、易于识别，通常采用军绿色、藏青色、黑色的全毛

图5-2 空乘服

或混纺华达呢、马裤呢和白色的平纹呢等面料；空乘人员需要近距离服务乘客，服装要求给乘客温馨、舒适、美好的感觉，因此，短纤维机织、平整光洁的混纺织物，如毛涤花呢套装、涤棉府绸衬衫、小丝巾等是空姐常见的装扮（图5-2）。不同的企业可根据各自的工作特点和行业要求，确定职业服的色彩和面料。

职业装为工作制服，其材料的选择应适应职业岗位的特点，便于工作，并容易洗涤和保养。

公司职员服装，一般采用西服套装，材料可选用毛涤混纺素色平纹或斜纹面料，这些面料要挺括而手感活络，穿在身上平挺合身，既显示其统一性，又使人看上去精神干练，如图5-3所示。

护士服一般为白色、淡蓝色或淡粉色。护士的服装需要常洗并高温消毒，所以适宜选用耐高温并耐水洗的棉布。为了这些面料不易沾污，要求织物表面紧密而平整，最好是采用经抗菌整理的高密平纹布，如图5-4所示。

保安人员或大堂服务员等职业服，多数需要耐洗、免烫、耐磨且经济。所以涤棉混纺的华达呢是其广泛采用的面料。

图5-3 公司职员服

图5-4 护士服

◦◦◦◦◦◦◦⟡◦◦◦◦◦◦◦

职业服面料的应用实训

一、实训一

请根据以下职业服装，描述所需服装面料的特性，并收集相应面料粘贴至指定区域。

服装品名	面料特性	面料贴样区
空乘制服		
企业制服		

服装品名	面料特性	面料贴样区
男制服大衣		
学生制服		

二、实训二

请为以下服装款式选择合适的面料，并粘贴在面料展示区。

款式	面料展示区

款式	面料展示区

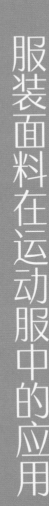

项目六

服装面料在运动服中的应用

课题名称

服装面料在运动服中的应用

课题内容

1. 运动服对服装面料的要求
2. 运动服面料的应用实训

教学目的

学生能够在熟悉常用运动服面料基本特点的基础上，针对不同运动服装大致判断其对于服装面料的要求，并作出相应合理的服装面料选择。

教学方式

多媒体教学，结合经典图片进行授课。

教学要求

1. 教师理论教学2课时。
2. 学生实训2课时。

课前准备

学生收集身边常见运动服面料或图片，教师准备典型图片和面料或服装样品。

课题时间
4课时

运动服对服装面料的要求

⏳ 课前学习任务书

请根据以下的运动服款式，分析款式特点，收集相似面料，并粘贴至面料贴样区。

服装款式	面料贴样区

一、运动服的概念与分类

（一）运动服的概念

运动服是指人们在进行体育运动时，或运动员进行训练、比赛和表演时穿着的服装。

这类服装穿着场合有一定的局限性，如户外，或者其他特定的运动场所，如篮球场、健身馆、游泳馆、学校操场、高尔夫球场等，如图6-1所示。

图6-1 运动服

（二）运动服的分类

目前，运动服主要分为田径服、球类服、水上服、冰上服、举重服、摔跤服、体操服、登山服、击剑服九大类。

二、运动服的穿着目的

运动服穿着目的是穿着者在运动时动作活动自如的同时，又能感觉舒适无牵绊。在进行激烈运动时，能够快速吸收汗水，使人体感觉舒畅。在竞赛时，能为着装者的成绩增分，感受健康、积极向上的运动精神，如图6-2所示。在表演时，能为着装者增加美感，令观看者清晰地看到优美的肢体动作，如图6-3所示。同时运动服还应具有保障着装者安全或者救生的功能。

图6-2 花样游泳比赛服

图6-3 花样滑冰服

三、运动服对面料的要求

由于运动服既要保证身体活动自如，又要考虑运动后人体出汗的迅速吸收，所以，在面料选择上对面料的弹性、透气性、散热、排汗、舒适性等功能有着较高的要求。此外，多数运动服在面料色彩上也要求鲜艳夺目。

（一）泳装、体操类运动服

这类服装都需要选择弹性好的氨纶包芯纱或弹力锦纶针织面料。另外，湿敏变色的泳衣以及能减少水中阻力和自重的泳衣面料，都是人们所关注、研发的新型运动服装面料，如图6-4、图6-5所示。

图6-4　自由体操服

图6-5　减阻速干冲浪服

图6-6　篮球服

（二）足球、篮球类竞技服

这类服装面料需要十分透气吸汗，适宜选用棉类针织面料。新型足球运动服面料里层为纯棉吸汗织物，夹层为甲壳质纤维，能将里层吸收的汗水吸收至夹层，而外层是透气防雨的材料，如图6-6、图6-7所示。

（三）登山、滑雪类运动服

这类服装除吸湿性好、轻便外，面料同时还应具备耐磨、防风、防雨、防晒及保暖等功能。因此，面料选择涤纶、锦纶、腈纶纯纺、混纺或者交织织物较为常见，如图6-8、图6-9所示。

图6-7　速干足球服

图6-8　防雨登山服

图6-9　滑雪服

（四）运动服选择配色

运动服的配色应注意标识安全功能，如泳装不宜采用淡蓝色，以免在水中发生危险时不易被发现，应选择鲜艳的大红或橘红等颜色，具有一定的救生功能，如图6-10所示。滑雪服也应选择具备救生功能的鲜艳色彩。

图6-10　色彩鲜艳的泳装

任务二

运动服面料的应用实训

一、实训一

请根据以下运动服装，描述所需服装面料特性，并收集相应面料粘贴至指定区域。

服装品名	面料特性	面料贴样区
瑜伽服		
高尔夫球衫		
篮球衫		
泳衣		

二、实训二

请为以下服装款式选择合适的面料，并粘贴在面料展示区。

款式	面料展示区

项目七

服装面料在内衣中的应用

课题名称

服装面料在内衣中的应用

课题内容

1. 内衣对服装面料的要求
2. 内衣面料的应用实训

教学目的

学生能够在熟悉常用内衣面料基本特点的基础上，针对不同内衣大致判断其对于服装面料的要求，并作出相应合理的服装面料选择。

教学方式

多媒体教学，结合经典图片进行授课。

教学要求

1. 教师理论教学2课时。
2. 学生实训2课时。

课题准备

学生收集身边常见内衣面料或图片，教师准备典型图片和面料或服装样品。

课题时间
4课时

任务一

❧⚜❧

内衣对服装面料的要求

⌛ 课前学习任务书

请根据以下内衣款式，分析款式特点，收集相似面料，并粘贴至小样区域。

服装款式	面料贴样区

一、内衣的概念与分类

（一）内衣的概念

内衣是指贴身穿的衣物，通常是直接接触皮肤的，是现代人不可少的服饰之一。内衣有吸汗、矫形、支撑、保暖及保护体肤的作用（图7-1）。

（二）内衣的分类

内衣按功能性分类为：矫形内衣、卫生内衣和装饰内衣。矫形内衣：收束系列产品，又称为基础内衣，以矫形为目的。卫生内衣：又称实用内衣，以卫生为目的。装饰内衣：装饰有花边或绣花，来增强内衣的吸引力。

图7-1 内衣

二、内衣的穿着目的

内衣是直接接触人体皮肤的服装。穿着内衣除了卫生、舒适、衬托外衣外，有的还有矫正体形、显现挺拔身姿的美化功能。虽然内衣是穿在里面的服装，但在不同场合穿着的服装，内衣的选择是有所区别的，搭配得当会使着装效果得到美化，甚至保护人体。

三、内衣对面料的要求

内衣对面料的要求首先是其具有舒适、安全、卫生的特点以及有良好的触感。内衣面料一般选择吸湿性能优良的天然纤维，手感柔软、伸缩性和透气性良好的针织物是不错的选择。从卫生的角度考虑，浅淡的颜色比较合适，从装饰的角度考虑，色彩又很重要。用作矫形的内衣，面料要能承受一定力的作用。内衣款式、色彩、面料的选择还要考虑与外衣的搭配。

近年来，内衣的发展变化很快，装饰功能日渐突出。因此，对面料的要求也在变化，许多花边织物被广泛运用于各种内衣。手感柔软、弹性好、穿着贴身的氨纶包芯织物在内衣中普遍运用，棉/氨纶、天丝/氨纶、莫代尔/氨纶、真丝/氨纶等针织面料，在内衣中用得最多。触感细腻、舒适、柔软、暖和的高支全棉针织双层空气层保暖内衣裤，具有清洁和健康功能的真丝针织内衣裤，具有卫生、安全性能的干爽麻织内衣裤等，受到更多人的青睐。

（一）以卫生为目的的内衣

图7-2为人们常用的以卫生为目的的内衣，如汗衫、棉毛衫、背心和衬裤等。这些内衣的材料要求柔软、吸湿、透气，穿着后不但要感到舒适，且应能吸附皮肤上的汗水且不沾身，衣料上的染料应对身体无刺激，并具有耐洗、耐晒、防霉、防菌等性能。以卫生为目的的内衣材料，以纯棉布、棉绒布、棉针织汗布、棉毛布以及针织拉毛薄绒布为佳。黏胶纤维织物与针织物，也可作为内衣用，但其耐洗性能较棉布要逊色。

近年来，除化学纤维本身外，染料、整理剂、助剂、添加剂等化学品在织物上的使用日益增多，有时它们会对人体造成危害，轻则皮肤瘙痒，重则致敏。因此，这一问题已引起国内外的重视，如禁用偶氮染料，制定游离甲醛和重金属残留量标准。故在选用内衣材料时，除尽量选用吸湿透气且柔软的天然纤维织物外，还应选用染色牢度好的材料。必要时，甚至要做残留物检测。

（二）以装饰为目的的内衣

图7-3可作为内衣的衬裙，此种内衣常有装饰性的花边或绣花，在较薄的或半透明的外衣内，仍会隐约显出其花边。同时，由于衬裙较光滑，使外面的衣服不沾身、不缠身，显得美观。

此种内衣的材料要求轻薄、柔软、光滑，具有吸湿、透气的性能。在市场上，以真丝电力纺、真丝软缎等材料制作的装饰性内衣，属于高档品；以黏胶人造丝织物、醋酯人造丝织物及人造丝软缎等材料制作的衬裙，属于中高档产品。这一类内衣虽不及真丝内衣耐用，但穿着较舒适；用涤纶绸、涤纶缎、锦纶绸、锦纶缎以及人造棉布

图7-2 卫生内衣

图7-3 装饰内衣

等制作的衬裙，属于低档产品，尤其是涤纶和锦纶丝衬裙，穿着不舒适，而且还会产生静电，使穿在外面的衣服不平整，但价格便宜。

（三）以矫形为目的的内衣

图7-4为以矫形为目的的内衣，这类内衣起到提胸、束腰、收腹、提臀的作用，可用来矫正女性体形，使其更富有曲线美。材料多为弹力锦纶、涤纶针织物和氨纶混纺织物，其中以棉包氨纶针织材料穿着较舒适，而在胸及裆的部位可垫以纯棉针织物。用纯棉府绸或纯棉卡其制成的这类内衣，虽吸湿透气，但由于无弹性，需在体侧束带，穿着不便，也不舒适，所以近年较少见。对于矫正体形的内衣，除应具有适应的弹性以补正体形外，不能限制人体的自由活动。

图7-4　矫形内衣

总之，以上各种内衣的材料，除上述要求外，在选择时还应考虑与外衣的配合及符合体形的需要。

任务二

内衣面料的应用实训

一、实训一

请根据以下内衣服装，描述所需服装面料特性，并收集相应面料粘贴至指定区域。

服装品名	面料特性	面料贴样区
保暖内衣		
塑型内衣		
普通胸罩		
抹胸		

二、实训二

请为以下服装款式选择合适的面料，并粘贴在面料展示区。

款式	面料展示区

项目八

服装面料在童装中的应用

课题名称

服装面料在童装中的应用

课题内容

1. 童装对服装面料的要求
2. 童装面料的应用实训

教学目的

学生能够辨别不同年龄阶段的婴幼儿典型特征，在熟悉面料基本特点的基础上，针对不同年龄儿童大致判断其对于服装面料的要求，并作出相应合理的服装面料选择。

教学方式

多媒体教学，结合经典图片进行授课。

教学要求

1. 教师理论教学2课时。
2. 学生实训2课时。

课前准备

学生收集身边常见婴幼儿服装面料或图片，教师准备典型图片和面料或服装样品。

课题时间
4课时

童装对服装面料的要求

⌛ 课前学习任务书

夏夏是一位新手妈妈，今天她要为自己半岁大的女儿挑选一套春装。商场琳琅满目的商品让她眼花缭乱，她究竟该如何选择呢？请你为这位新手妈妈提供可供实施的方案，并进行小组间讨论，说出你的选择理由。

类别	面料贴样区	选择理由
上装		
下装		
其他		

一、童装的概念与分类

（一）童装的概念

童装是儿童服装的简称，是指适合儿童穿着的服装，如图8-1所示。

（二）童装的分类

按照年龄阶段来划分，可分为：婴幼儿服装、小童服装（幼儿园至小学低年级）和大童服装。

按照服装的类型来划分，可分为外套、裤子、裙装、连体服、T恤、卫衣等。

童装对服装面料的要求比成人服装要求高，既要穿着好看，又要穿着舒适，还要有安全质量保障，不能损害儿童健康。

图8-1 童装

二、童装的穿着目的

童装穿着目的是适应儿童生长发育时期的特点，满足儿童生理和心理需求，保护儿童不受伤害。因此，儿童服装对面料有着特殊的要求。由于儿童稚嫩、天真活泼、好动的特点，不同年龄阶段的儿童也有不同的特点，对面料的要求也不尽相同，如图8-2所示。

三、童装对面料的要求

（一）婴儿服装对面料的要求

图8-2 各款童装

婴儿皮肤娇弱柔嫩，而且新陈代谢旺盛。因此，为了满足婴儿的生长需求，服装面料要求柔软舒适且吸湿性能良好。婴儿服装在色彩上要尽量清新淡雅，与婴儿的肤色相协调，如图8-3所示。浅淡色彩的素色绒布、彩棉布、白底碎花的印花全棉绒布、浅色超细纤维的长绒棉或珊瑚绒面料都是婴儿服较为理想的面料，如图8-4、图8-5所示。

（二）学龄前儿童服装对面料的要求

学龄前儿童服装面料在原料上以舒适透气、朴素的全棉织物为主。同时，面料上的图案花纹也很重要，根据儿童的喜好，一般选择卡通形象、动物图案最为理想，如图8-6所示。此外，根据儿童好动的特点，柔软舒适的针织面料对他们来说也很适合。

图8-3　淡色婴儿服

图8-4　浅色印花精梳棉布

图8-5　超细长绒棉婴儿爬行服

图8-6　各色全棉印花衬衫

（三）小童服装对面料的要求

幼儿园至小学低年级时期的儿童普遍活泼好动，出汗较多，服装面料在选择上依旧以舒适透气为主。选择纯棉织物以及针织布、汗布等面料较为理想，如图8-7所示。处于这一阶段的儿童，对服装的磨损较大，因此也可以选择牛仔面料或化纤与棉混纺的较为结实耐磨的面料，如图8-8所示。同时，由于儿童的自理和自我保护能力较差，因此儿童服装面料的选择还要从防火和阻燃等方面综合考虑。

（四）大童服装对面料的要求

市面上的小童服装普遍较多，大童却较少。大童服装一般可选择学生呢、灯芯绒、华达呢以及涤丝高密绸（另加绒布里）等材料，如图8-9、图8-10所示。

图8-7　小童印花卫衣

图8-9　女童学生呢

图8-8　小童印花牛仔裤

图8-10　女童灯芯绒

任务二

·~>>>·☼·<<<~·

童装面料的应用实训

一、实训一

请根据以下不同阶段儿童的服装需求，提供合理的服装面料建议，并粘贴所收集到的面料小样。

服装品名	面料贴样区	服装品名	面料贴样区
婴儿连体服		女婴外套	
男童外套		女童连衣裙	
大童外套		大童裤装	

二、实训二

请为以下服装款式选择合适的面料，并粘贴在面料展示区。

款号	面料展示区			
款式一	面料		辅料	
款式二	面料		辅料	
款式三	面料		辅料	
款式四	面料		辅料	
款式五	面料		辅料	
款式六	面料		辅料	

项目九

服装面料在礼服中的应用

课题名称

服装面料在礼服中的应用

课题内容

1. 礼服对服装面料的要求
2. 礼服面料的应用实训

教学目的

学生能够在熟悉常用礼服面料基本特点的基础上，针对不同礼服大致判断其对于服装面料的要求，并作出相应合理的服装面料选择。

教学方式

多媒体教学，结合经典图片进行授课。

教学要求

1. 教师理论教学2课时。
2. 学生实训2课时。

课前准备

学生收集身边常见礼服面料或图片，教师准备典型图片和面料或服装样品。

课题时间
4课时

任务一

礼服对服装面料的要求

⧖ **课前学习任务书**

请根据以下礼服款式，分析款式特点，收集相似面料，并粘贴至面料贴样区。

服装款式	面料贴样区

一、礼服的概念与分类

（一）礼服的概念

礼服是指在正式场合穿着的服装。服用时应符合当地礼节、民族风俗以及着装者的地位，体现庄重典雅的风格，凸显个人品位，如晚礼服，既彰显雍容华贵，又颇具魅力。礼服多采用高档面料和素色（不用印花、条、格之类面料），但要有服饰配件，如图9-1所示。

图9-1 男士礼服

（二）礼服的分类

一般来说，各民族都有自己传统的用于礼仪的服装。就日常使用情况而言，礼服主要分为礼仪服、社交服、婚礼服、丧礼服、晚礼服等。

二、礼服的穿着目的

礼服一般是指用于在一些较为特殊或者隆重的特定场合穿着，如参加重大礼仪活动（盛大节日、阅兵典礼、迎送贵宾等），参加重要会议、正式宴会（含婚宴），观看高雅艺术演出等。礼服的穿着目的因不同场合而有所不同，有的是满足自我需要，有的是迎合场合礼节需要。

三、礼服对面料的要求

礼仪服装在面料的挑选上相对慎重，首先要求织物外观性能优良，传达的观感必须是准确的。

礼服一般会选用比较高档的面料，如线密度小、质感细腻、外观平整、色泽柔和的羊毛织物面料；色彩鲜艳、图案隽秀、精工细织、光泽宜人的提花丝绸面料；肌理质感新颖奇特、外观效果别具一格、色彩光泽明艳照人的时尚织物面料；此外，各国、各民族也特有自己的礼仪服装面料。这些面料有的彰显高雅端庄的气质，有的给人雍容华贵的感觉，有的可展现新潮别致的风格，有的则带来不同民族风情和特色等。

当然，礼服在面料、色彩图案的选择上也是相当讲究的，除了色彩本身和图案外，还需要考虑传统习惯和民俗民风。

图9-2为男士大礼服，这种礼服多用黑色精纺毛料（如礼服呢、华达呢等），领

子则是使用光泽反差比较大的黑缎料。真丝为经、毛纱为纬的丝毛交织材料，常常用于制作高档衣料的礼服。由于目前化纤仿毛材料外观精良，所以色黑而纯正且光泽自然的化纤仿毛织物、涤纶与天丝纤维混纺的华达呢，都是大礼服的材料，因为这些材料挺括且富有弹性。

大礼服在穿着上有严格的方式，如需穿紧腰而袒胸的黑色背心，小方领并翻角的白色且有装饰的衬衫，不用领带而用黑色或白色的领结，胸袋饰有装饰手帕，袜子也须用黑色，以及使用黑而宽的腰带等。

图9-3为男士准礼服，即戗驳领男西服，一般为黑色，也可以用深灰或藏蓝色，少数用白色。其材料为精纺毛织物及毛混纺织物，如礼服呢、贡呢、驼丝锦、华达呢、单面花呢（牙签条）、板丝呢等。具有特殊光泽的长丝织物，也是当前制作男礼服的常用时尚材料。

图9-4为平驳领男西服，是男士比较普通的社交服装，但作为礼服，除整套穿着外，一般为深色，但是在对颜色的要求上，不会要求像上述两类礼服如此严格。所用材料，除上述材料外，也有用纯化纤材料的。

图9-2　男士大礼服　　　　图9-3　戗驳领男西服　　　　图9-4　平驳领男西服

女式礼服在款式和材料上，相较于男礼服，更为多样。图9-5为女士晚礼服，图9-6为旗袍，除可作为晚礼服外，也可用于其他礼仪服装（如婚礼服、节目主持人礼服等）。它们的材料要求高雅且雍容华贵，并在灯光下有闪烁效果，多用素色（如黑、蓝、红、白等，要求无花型图案），柔软、飘逸且悬垂性好。可采用真丝或人造丝（黏胶纤维、醋酯纤维或铜氨人造丝）的丝绸、丝绒、软缎、乔奇绒、乔其纱等高档材料，或者是涤纶仿丝绸、锦纶缎等化纤织物。由于晚礼服需要有较强的装饰效果，所以常用首饰、胸饰以及羽毛、珠片、绣花等服饰配件。

　　图9-7为中式婚礼服。受西方文化影响，婚礼服多用纯白色，也有少量用粉红色等。材料为锦纶纱、人造丝绸或软缎。为达到使裙摆张开的效果，需内穿裙撑（用硬挺的锦纶纱作衬裙，或在衬裙的底边穿入细钢丝）。我国以大红色象征喜庆和吉利，因此，大红色的绸缎、纱、绒和红色的精纺纯毛或毛混纺织物以及纯化纤材料，均可用作中式婚礼服制作。而高雅端庄的女套装，也常作为女性参加社交场合和参会等的礼仪服装。

图9-5　女士晚礼服

图9-6　旗袍　　　　　　　　图9-7　中式婚礼服

任务二

❧⟡❧

礼服面料的应用实训

一、实训一

请根据以下礼服，描述所需服装面料特性，并收集相应面料粘贴至指定区域。

服装品名	面料特性	面料贴样区
婚纱		
燕尾服		
晚礼服		
礼仪旗袍		

二、实训二

请为以下服装款式选择合适的面料，并粘贴在面料展示区。

款式	面料展示区

项目十

服装面料在舞台服中的应用

课题名称

服装面料在舞台服中的应用

课题内容

1. 舞台服对服装面料的要求
2. 舞台服面料的应用实训

教学目的

学生能够在熟悉常用舞台面料基本特点的基础上，针对不同舞台服大致判断其对于服装面料的要求，并作出相应合理的服装面料选择。

教学方式

多媒体教学，结合经典图片进行授课。

教学要求

1. 教师理论教学2课时。
2. 学生实训2课时。

课前准备

学生收集身边常见舞台服面料或图片，教师准备典型图片和面料或服装样品。

课题时间
4课时

舞台服对服装面料的要求

⌛ 课前学习任务书

小美是一所中职学校服装设计专业二年级学生，也是校合唱团骨干。期末学校文艺汇演，她特意为自己设计了一套文艺演出服，请你根据其设计的服装款式特点，给出面料选择建议，并且收集小样，贴至指定区域。

款式	款式特点分析	面料贴样区

一、舞台服的概念与分类

（一）舞台服的概念

舞台服是指在各类表演场合穿着，以装扮、拟态为目的专用服装。利用其装饰、象征意义，直接形象地表明角色的性别、年龄、身份、地位、背景以及气质、性格等。所以，舞台服堪称"艺术语汇"。

（二）舞台服的分类

舞台服按照舞台艺术门类主要分为戏剧服、曲艺服、舞蹈服等，如图10-1~图10-3所示。

图10-1 戏剧服

图10-2 曲艺服

图10-3 舞蹈服

二、舞台服的穿着目的

舞台服不同于生活服装，其目的是追求赏心悦目的舞台表演效果。舞台上灯光聚焦，演员通常是视觉的焦点，那么服装呈现的视觉效果也是演员与观众共同期盼的，如图10-4所示。

三、舞台服对面料的要求

由于舞台服属于表演性质的服

图10-4 色彩艳丽的拟态舞台服

装，因此在面料选择上应该符合以下几点要求。

（1）舞台服应适应角色和剧情转变的需求，并且要兼顾角色之间以及人与背景的协调和美感，根据情景剧和人物角色的需要选择与外观相吻合的面料，如图10-5所示。

图10-5　情景剧舞台服

（2）舞台服注重的是远距离、灯光下，以人物服装的色彩、图案、质感和能刺激感官的各种装饰作为重点进行设计，而对面料的内在质量和功能性不太重视。服装面料上的小碎花或精细的装饰，往往舞台上较难表现，需要加以夸张后，才能使台下观众看得清楚，如图10-6所示。

图10-6　夸张的拟态舞台装

（3）由于舞台服穿着的时间有限，在面料选择时，主要以织物特殊的外观感觉为首要考虑因素，因此成本的控制对于舞台服面料有着一定的要求（有时可使用替代品）。如图10-7所示，天鹅湖舞裙，虽然选用的锦纶纱，舒适性差，但它的挺阔性、弹性以及舞台效果都很不错。同样，如图10-8所示，戏剧中的帝后袍服，可以不选择真丝绸缎，而用人造丝或锦纶丝绸缎，同样可以达到演出效果。如图10-9所示，舞台剧中的貂皮大衣不一定选用真毛皮，可以用化纤仿皮草代替，只要颜色和外观能够以假乱真即可。

图10-7　天鹅湖舞裙

图10-8　戏剧中的清代帝后袍服

图10-9　话剧仿皮草服

舞台服面料的应用实训

实训

请为以下两款舞台服装款式选择合适的面料，并粘贴在面料展示区。

款式	面料展示区

参考文献

[1] 朱松文,刘静伟.服装材料学 [M].5 版.北京:中国纺织出版社,2015.

[2] 濮微.服装面料与辅料 [M].2 版.北京:中国纺织出版社,2015.

[3] 刘小君.服装材料 [M].2 版.北京:高等教育出版社,2021.

[4] 刘小君.服装材料习题集 [M].3 版.北京:高等教育出版社,2018.

[5] 王革辉.服装面料的性能与选择[M].上海:东华大学出版社,2013.

[6] 朱远胜.服装材料应用 [M].3 版.上海:东华大学出版社,2016.